海洋石油特种作业培训教材

防爆电气作业

主编 王 超

应急管理出版社

·北 京·

图书在版编目（CIP）数据

防爆电气作业/王超主编. ---北京：应急管理出版社，2021（2021.12 重印）

海洋石油特种作业培训教材

ISBN 978-7-5020-8627-5

Ⅰ.①防… Ⅱ.①王… Ⅲ.①海上油气田—石油工程—防爆电气设备—技术培训—教材 Ⅳ.①TE5②TM

中国版本图书馆 CIP 数据核字（2021）第 015874 号

防爆电气作业（海洋石油特种作业培训教材）

主　　编	王　超
责任编辑	闫　非　郭玉娟
责任校对	李新荣
封面设计	于春颖

出版发行　应急管理出版社（北京市朝阳区芍药居 35 号　100029）
电　　话　010-84657898（总编室）　010-84657880（读者服务部）
网　　址　www.cciph.com.cn
印　　刷　中煤（北京）印务有限公司
经　　销　全国新华书店
开　　本　710mm×1000mm $^1/_{16}$　印张　$6^1/_2$　字数　84 千字
版　　次　2021 年 8 月第 1 版　2021 年 12 月第 2 次印刷
社内编号　20201814　　　　　　　定价　26.00 元

版权所有　违者必究

本书如有缺页、倒页、脱页等质量问题，本社负责调换，电话:010-84657880

海洋石油特种作业培训教材编审委员会

编写委员会

主　　任　王　伟

副 主 任　赵兰祥　杨东棹　章　焱　陈　戎　李玉田
　　　　　　任登涛　周维洪

委　　员（按姓氏笔画排序）
　　　　　　王　恒　王　静　王玉宇　文　博　付金杰
　　　　　　朱　晨　朱海龙　邬　璐　刘　巍　刘世煊
　　　　　　刘建涛　刘景亮　李　江　李桂芹　李越宇
　　　　　　杨崇明　肖　刚　余文培　宋峰彬　张　杰
　　　　　　张粉洁　张啸啸　张超明　陆　军　陈国锋
　　　　　　陈维福　赵旭炜　姜亚川　姚　远　姚玉利
　　　　　　袁照华　殷耀玺　高立伟　高　阳　郭　伟
　　　　　　唐明真　粟　驰　靳　彦　颜志华　薄克辉
　　　　　　穆证荣

审定委员会

主　　任　司念亭
副 主 任　周向京　朱荣东　焦权声
委　　员（按姓氏笔画排序）

马海峰　王大勇　王双新　王　钊　王顺红
王　琛　王　超　王　辉　王　鹏　王新军
元少平　龙　羽　伍桂光　刘祖仁　刘莉峰
刘景亮　李松杰　李康水　杨　飞　杨　平
杨立军　肖高生　吴水祥　邱大庆　何四海
何远安　余巨喜　张利军　张绍广　张　秋
陈张琼　陈国锋　陈　强　林长浓　依　朗
金　鑫　赵红玲　胡少林　秦　鹏　耿铁兵
徐小虎　徐　迪　徐瑞翔　董子杨　谢俊成
谭长军

《防爆电气作业》编写组

主　　编　王超
副 主 编　周维洪　许亚鹏
编写人员　穆证荣　姚远　殷耀玺

前　言

中海油海洋石油平台、陆地终端、炼化、煤化工、天然气储运等，在生产、运输、储存等环节都会有爆炸性物质出现，这些爆炸性物质以气体的形式与空气混合后会形成爆炸性环境。在爆炸性环境必须使用防爆电气设备，以确保生产安全，不发生爆炸事故。

随着中海油业务的快速发展，中海油所辖生产作业设施不断增加。为确保作业设施内防爆电气设备安全运行，避免爆炸、火灾事故发生，2012年8月31日，中海油下发《关于加强防爆电气设备管理的通知》（海油总安〔2012〕702号），提出加强防爆电气设备管理的要求。要求各单位对防爆电气设备法律法规系统梳理，重点从防爆电气设备选型、新采购防爆电气设备的检验与验收、质量管理、安装过程监督管理、完工交接、日常管理、维修改造、降级/报废八个阶段对防爆电气设备进行管理。

本教材以中海油作业设施防爆电气设备管理现状，以及中海油《防爆电气管理》现场管理推荐做法和天津分公司防爆电气设备管理体系中《油气生产防爆电气设备检测指南》的内容为蓝本，参照中海油的有关规定，结合防爆电气设备标准编写而成。按照基础性、实用性、针对性、准确性、前瞻性的要求，学习本教材可以使防爆电气设备作业人员了解防爆电气设备的安全管理应用标准，特别是防爆电气设备选型、使用中的检查评估、维护等方面应注意的事项。

  由于编者水平有限，如有不足之处，敬请读者批评指正，以便于我们修改完善。

编 者
2021 年 5 月

目次

第一章 防爆电气安全管理应用标准对比 … 1
第一节 防爆电气概述 … 1
第二节 防爆标准介绍 … 3

第二章 中海油防爆电气设备及人员管理要求 … 8
第一节 防爆电气设备管理要求 … 8
第二节 防爆电气设备从业人员要求 … 11

第三章 海洋石油平台生产设施危险区划分 … 14
第一节 爆炸性物质分类及危险场所划分原则与示例 … 14
第二节 海洋石油危险区的分类、范围划分及相关设计要求 … 17

第四章 海洋石油防爆电气设备选型 … 21
第一节 选型要求 … 21
第二节 选型依据 … 22
第三节 选型时气体类别对照 … 30
第四节 防爆电气设备采购与验收作业实践 … 31

第五章 海洋石油平台常用防爆电气设备 … 35
第一节 防爆电气设备防爆原理与标志 … 35
第二节 常用防爆电气设备 … 36

第六章　海洋石油平台防爆电气设备安全检查 …… 46
第一节　检查要求 …… 46
第二节　检查方法 …… 48

第七章　典型问题分析 …… 66
第一节　问题汇总 …… 66
第二节　整改建议和方法 …… 83

第八章　事故案例与问题判断 …… 86
第一节　事故案例 …… 86
第二节　问题判断 …… 87

参考文献 …… 93

第一章　防爆电气安全管理应用标准对比

第一节　防爆电气概述

一、防止爆炸的措施

在石油、化工、煤炭等工业部门，常常需要生产、加工、储存、运输或使用可燃气体或液体。这些可燃气体或液体可以通过容器或管道裂缝、密封失效的接缝、操作孔、阀门等泄漏到周围环境中，与环境中的空气混合后形成爆炸性危险环境。如果环境中存在点燃源，就会产生燃烧或爆炸。

为防止产生爆炸和火灾危险，应针对上述环节或场所采取相应的防爆措施。

1. 避免存在爆炸性危险环境

由产生爆炸或燃烧的三要素可知，如果能够在环境中避免可燃性物质，或者在环境中避免氧化剂（氧气），就可以从根本上避免火灾或爆炸危险。空气中的氧气是难以避免的，可行的办法是避免可燃性物质。如果不能完全避免可燃性物质，可以将可燃性物质的浓度限制在爆炸范围之外，这样也能避免产生爆炸危险。石油化工企业常选用密闭的容器、管道和密封质量好的阀门，以避免工艺设备中的可燃性物质泄漏到环境中。化工厂常采用有房顶无墙壁的厂房，改善自然通风效果，或者采取强制通风（机械通风）措施，使环境中的可燃性物质浓度低于爆炸下限，达到避免爆炸危险的目的。

2. 在爆炸性危险环境避免点燃源

如果爆炸性危险环境不可避免，则可在环境中消除点燃源。我们常常在油库、加油站中看到的"严禁烟火"牌子，就属于二次防爆措施。

国家标准规定，在爆炸性危险场所必须使用防爆电气设备，这也属于二次防爆措施。

二、防爆电气设备准入与认证

1. 防爆产品市场准入

防爆电气设备是按规定标准设计制造的不会引起周围爆炸性混合物爆炸的设备。因此防爆电气设备质量直接影响生产安全，世界上多数国家或地区都将防爆产品认证纳入了强制管理的范围（如北美、欧洲），欧洲允许制造厂商对2区设备进行自认证。

中国对防爆产品实行强制管理和认证，要求包括0区、1区和2区场所用的全部防爆产品都必须经国家授权的防爆检验机构认证后，方可投入使用。

进口的防爆电气设备必须取得中国的防爆合格证方能在中国市场上销售和使用。

防爆电气设备由生产许可转为强制性产品认证（CCC认证）管理。根据《市场监管总局关于防爆电气等产品由生产许可转为强制性产品认证管理实施要求的公告》（2019年第34号），自2019年10月1日起，防爆电气设备纳入CCC认证管理范围，各指定认证机构（认证机构和实验室指定工作将另行公告）开始受理认证委托。自2020年10月1日起，以上产品未获得强制性产品认证证书和未标注强制性认证标志，不得出厂、销售、进口或在其他经营活动中使用。

2. 防爆合格证介绍

防爆合格证由国家授权的质量监督检验机构颁发，如图1-1所示。防爆产品认证程序包括：文件资料审查样机检查和试验，合格后

第一章 防爆电气安全管理应用标准对比

签发试验报告和防爆合格证,注意所覆盖的产品型号,有效期为5年。防爆合格证均可通过发证机构网站查询。

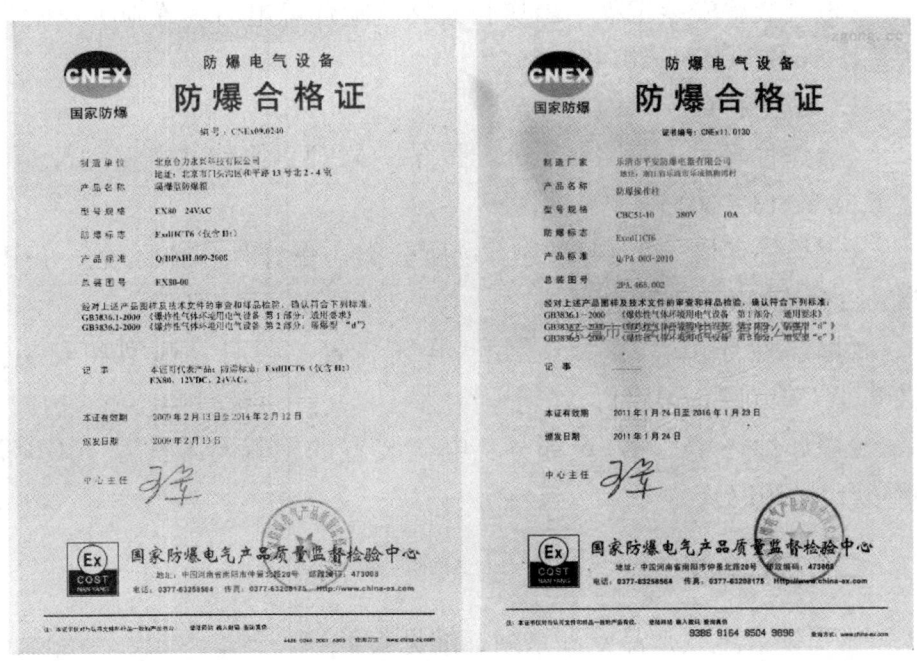

图 1-1 防爆合格证

第二节 防爆标准介绍

世界主要防爆标准有中国国家标准(GB)、欧洲标准(EN)、国际电工委员会标准(IEC)、北美标准(NEC505、NEC500)系列。GB标准基本等同或等效采用IEC标准。由于IEC标准和EN标准基本一致,故GB标准也与EN标准等同或等效。

一、中国防爆电气产品规范

1. 安全标准

《危险场所电气防爆安全规范》(AQ 3009—2007)。

2. 工程标准

《爆炸危险环境电力装置设计规范》(GB 50058—2014)。

《电气装置安装工程 爆炸和火灾危险环境电力装置施工及验收规范》(GB 50257—2014)。

3. 用户标准

《爆炸性环境 第13部分：设备的修理、检修、修复和改造》(GB 3836.13—2013)

《爆炸性环境 第14部分：场所分类 爆炸性气体环境》(GB 3836.14—2014)

《爆炸性环境 第15部分：电气装置的设计、选型和安装》(GB/T 3836.15—2017)

《爆炸性环境 第16部分：电气装置的检查与维护》(GB/T 3836.16—2017)

二、欧洲标准

常见防爆电气产品欧洲系列标准见表1-1。

表1-1 常见防爆电气产品欧洲系列标准

防爆型式	标准编号	适用区域
通用要求	EN60079-0	
隔爆型	EN60079-1	Zone1&2, Ex d
正压型	EN60079-2	Zone1&2, Ex p
充砂型	EN60079-5	Zone1&2, Ex q
充油型	EN60079-6	Zone1&2, Ex o
增安型	EN60079-7	Zone1&2, Ex e
本安型	EN60079-11	Zone0、1&2, Ex ia/ib/ic
n型	EN60079-15	Zone2, Ex n
浇封型	EN60079-18	Zone1&2, Ex m

三、国际电工委员会标准

常见防爆电气产品 IEC 标准见表 1-2。

表 1-2 常见防爆电气产品 IEC 标准

防爆型式	标准编号	适用区域
通用要求	IEC60079-0	
隔爆型	IEC60079-1	Zone1&2,Ex d
正压型	IEC60079-2	Zone1&2,Ex px/py/pz（pz 只能用于 2 区）
充砂型	IEC60079-5	Zone1&2,Ex q
充油型	IEC60079-6	Zone1&2,Ex o
增安型	IEC60079-7	Zone1&2,Ex e
本安型	IEC60079-11	Zone0、1&2,Ex ia/ib/ic
n 型	IEC60079-15	Zone2,Ex n
浇封型	IEC60079-18	Zone1&2,Ex m

四、美国标准与加拿大标准

常见气体环境用防爆电气产品美国标准与加拿大标准见表 1-3。

表 1-3 常见气体环境用防爆电气产品美国标准与加拿大标准

防爆型式	标准编号		适用区域	
	美国	加拿大	美国	加拿大
通用要求	FM3600 ISA60079-0	CSA60079-0	Division1&2	Division1&2
增安型	ISA60079-7	CSA E60079-7	Zone1	Zone1
无焰型	ISA12.12.01 FM3611	C22.2 No.213	Division2	Division2

表1-3（续）

防爆型式	标准编号		适用区域	
	美国	加拿大	美国	加拿大
无火花型	ISA60079-15	CSA E60079-15	Zone2	Zone2
防爆型	UL1203	C22.2 No.30	Division1	Division1
隔爆型	ISA60079-1	CSA60079-1	Zone1	Zone1
充砂型	ISA60079-5	CSA E60079-5	Zone1	Zone1
封闭断路	ISA60079-15	CSA E60079-15	Zone2	Zone2
本安型	UL913/FM3610 ISA60079-11	C22.2 No.157 CSA E60079-11	Division1&2 Zone0&1	Division1&2 Zone0&1
限制能量型	ISA60079-15	CSA E60079-15	Zone2	Zone2
正压型	NFPA496（FM3620） ISA60079-2	CSA E60079-2	Division1&2 Zone1&2	Division1&2 Zone1&2
限制呼吸型	ISA60079-15	CSA E60079-15	Zone2	Zone2
浇封型	ISA60079-18	CSA E60079-18	Zone0&1	Zone1
充油型	ISA60079-6	CSA60079-6	Zone1	Zone1

五、中国国家标准与国际电工委员会标准对照

中国国家标准（GB）与国际电工委员会标准（IEC）对照见表1-4。

表1-4 中国国家标准（GB）与国际电工委员会标准（IEC）对照

防爆型式	GB标准	对应的IEC标准
通用要求	GB 3836.1	IEC60079-0
隔爆型	GB 3836.2	IEC60079-1
增安型	GB 3836.3	IEC60079-7
本质安全型	GB 3836.4	IEC60079-11
本安系统	GB 3836.18	IEC60079-25
FISCO/FNICO	GB 3836.19	IEC60079-27

表1-4（续）

防爆型式	GB 标准	对应的 IEC 标准
正压型	GB/T 3836.5	IEC60079-2
油浸型	GB/T 3836.6	IEC60079-6
充砂型	GB/T 3836.7	IEC60079-5
n 型	GB 3836.8	IEC60079-15
浇封型	GB 3836.9	IEC60079-18
粉尘防爆	GB 12476.1	IEC61241-1
场所分类	GB 3836.14	IEC60079-10
电气安装	GB/T 3836.15	IEC60079-14
检查和维护	GB/T 3836.16	IEC60079-17
设备检修	GB 3836.13	IEC60079-19

六、中国国家标准与其他标准爆炸性危险场所划分对照

中国目前采用的爆炸性危险场所划分方法与欧洲一致，爆炸性气体环境划分为 0 区、1 区和 2 区。而美国和加拿大等采用 Division 划分方式，分为 Division 1 和 Division 2 两个等级，其中 Division 1 对应 0 区和 1 区，Division 2 对应 2 区。

在防爆电气标准方面，中国国家标准（GB）、国际电工委员会标准（IEC）、欧洲标准（EN）、北美标准（NEC505、NEC500）在危险程度确认方面的对照见表 1-5。

表1-5 爆炸性危险场所危险区域危险程度确认方面的对照

GB、IEC、EN、NEC505	NEC500	危险程度
0 区	Division 1	高
1 区		
2 区	Division 2	低

由表 1-5 可知，0 区是最危险的，2 区的危险程度最低。

第二章 中海油防爆电气设备及人员管理要求

第一节 防爆电气设备管理要求

中国海洋石油总公司（于2017年11月更名为中国海洋石油集团有限公司，简称中海油）在2012年的审核中，发现各单位在防爆电气设备管理方面普遍存在缺陷，主要体现在：现场安装有假冒伪劣产品、防爆设备安装选型错误、防爆设备防爆功能丧失、人员防爆知识欠缺、未识别出防爆电气设备管理的法规和标准、缺乏防爆电气设备的管理程序和要求等。根据中海油系统内防爆电气设备管理现状，并考虑到安全生产形势的日趋严峻，中海油先后下发了一系列管理文件。

一、《关于加强防爆电气设备管理的通知》

中海油于2012年8月31日下发《关于加强防爆电气设备管理的通知》（海油总安〔2012〕702号）文件，提出五点要求：
(1) 开展防爆电气设备隐患专项排查。
(2) 梳理、完善防爆电气设备管理制度。
(3) 采取源头防控策略。
(4) 加强相关法规和标准的识别。
(5) 加强防爆电气设备的知识与技能培训。

文件下发后，各单位均开展了自查工作并向公司质量健康安全环保部上报自查结果。

2013年5月23日，公司质量健康安全环保部在北京顺义组织召开了"防爆电气设备安全管理研讨会"。会议的主题是学习防爆电气基本知识和标准规范，交流防爆电气设备管理经验，分析和探讨防爆电气设备存在的问题，提出进一步提高防爆电气设备安全管理应采取的措施。

二、《关于集中开展"六打六治"打非治违专项行动的通知》

中海油2014年8月15日下发的《关于集中开展"六打六治"打非治违专项行动的通知》（海油总安〔2014〕496号）第三章第七条规定，"加强防爆电气设备管理，尚未建立健全防爆电气设备管理制度的单位，必须立即建立制度，从设计、采办和安装的源头上加强对防爆电气设备质量的管控。组织相关人员参加专业知识培训，开展现场防爆电气设备隐患检查和治理工作"。

三、《防爆电气设备安全管理细则》

2015年中海油下发了《防爆电气设备安全管理细则》。其目的是规范中海油防爆电气设备管理，明确采办、安装、验收、使用及维护保养要求，推行防爆电气设备完整性管理。细则对以下方面提出了要求。

1. 通用管理要求

（1）防爆电气设备管理人员和作业人员，应当接受必要的安全教育和技能培训后，方可从事防爆电气设备的选型、采购、安装、使用及维检修。

（2）防爆电气设备管理人员和作业人员应当严格执行国家标准、安全技术规范和管理制度，保证防爆电气设备安全。

2. 选型和采购管理要求

（1）防爆电气设备选型和采购应严格执行危险场所划分的设计要求。

（2）防爆电气设备选型和采购单位应当检查、验收其选型和采购的防爆电气设备。不符合国家标准、安全性能要求、能效指标以及国家明令淘汰的，不得选型、采购。

（3）采购防爆电气设备，应当索要安全技术规范要求的防爆合格证、产品质量合格证明、安装及使用维护保养说明、检验报告等相关技术资料和文件，验收时应当确认防爆电气设备显著位置设置的产品铭牌、安全警示标志及其说明等与防爆合格证内容一致。

3. 安装及验收管理要求

（1）防爆电气设备安装单位应建立施工前后的检查、记录制度，禁止安装不符合安全技术规范要求的防爆电气设备，施工记录应在项目竣工验收时移交给业主。

（2）防爆电气设备安装单位应当组织验收检查其安装的防爆电气设备，并书面确认安装结果。

（3）防爆电气设备使用单位应当在防爆电气设备投入运行前，取得满足相关安全技术规范要求的初始检查报告。

4. 使用管理要求

防爆电气设备使用单位应对防爆电气设备进行专项管理，建立防爆电气设备的维护保养管理制度，专项管理措施包括但不限于：

（1）明确负责防爆电气设备管理的责任岗位，建立管理制度和管理标准；存在防爆电气设备的作业场所，至少应当有1人受过防爆电气设备知识培训。

（2）建立防爆电气设备技术管理档案，技术管理档案应包括以下内容：

①防爆电气设备基本数据台账（至少包含：防爆电气设备名称、生产厂家、防爆标志、防爆等级、设备型号、设备位号、安装或使用的危险区域、安装时间、防爆合格证编号及证书影印件、安装验收及使用维护保养说明等相关技术资料和文件等）。

②危险场所区域划分图。

③防爆电气设备定期检验报告和连续监督记录。

④防爆电气设备日常使用状况记录。

⑤防爆电气设备及其附属仪器仪表的维护保养记录。

⑥防爆电气设备运行故障和事故记录。

（3）应当维护保养使用的防爆电气设备，并按照安全技术规范要求定期组织检验，确保其电气功能和防爆功能的完整性。

（4）改造、修理防爆电气设备必须获得批准，改造、修理人员应当取得相应资质。防爆电气设备改造、修理后应有记录，并作为设备档案保存。改造的防爆电气设备样机必须送防爆检验机构检验。

（5）防爆电气设备的防爆功能检验，应当由具备国家安全生产防爆检测检验资质的机构或有相应资质的专业人员实施。送检单位应向检验机构或人员索取检验证书或检验报告。

（6）防爆电气设备存在严重事故隐患，无改造、修理价值，或者达到安全技术规范规定的其他报废条件的，使用单位应依规报废。

（7）各单位应当优先采用国际标准化组织（ISO）、国际电工委员会（IEC）和相关船级社发布的国际标准，以及美国石油协会（API）、国际油气生产者协会（OGP）等国际组织有关防爆电气的指南及实践做法。

5. 责任追究

（1）对于违反本实施细则的单位，将在对所属单位进行的年度质量健康安全环保绩效考核中予以体现。

（2）违反本实施细则的个人，依照《员工违纪处理规定》，对有关责任者，情节较轻的，给予训诫或警告处分；情节较重的，给予严重警告或降职（级）处分；情节严重的，给予开除处分。

第二节　防爆电气设备从业人员要求

根据中海油文件和结合防爆标准以及《中华人民共和国安全生产法》对防爆电气设备作业人员的要求如下。

一、培训的要求

《中华人民共和国安全生产法》第三十条规定，生产经营单位的

⋘ 防爆电气作业

特种作业人员必须按照国家有关规定经专门的安全作业培训,取得相应资格,方可上岗作业。特种作业操作证有效期为6年,在全国范围内有效。特种作业操作证每3年复审1次。

中海油于2017年3月3日下发《关于进一步加强防爆电气培训工作的通知》(海油安字〔2017〕12号)。该文件将防爆电气人员分为三类:防爆电气管理人员、防爆电气作业人员、防爆电气培训师。

1. 不同类别人员培训要求

(1) 防爆电气管理人员应接受所在岗位相关的防爆电气理论知识培训。

(2) 防爆电气作业人员应接受与其从事的防爆电气安装、检修、维护、作业相应的安全技术理论培训和实际操作培训。

(3) 防爆电气培训师应具有在防爆电气领域的工作经验,并通过防爆电气培训机构组织的考核。

2. 各单位防爆电气组织培训要求

(1) 设计、安装、使用、维修防爆电气设备的单位,应根据本单位的岗位设置和其岗位职责,识别本单位的防爆电气管理人员和作业人员。

(2) 相关单位应将对防爆电气相关人员的培训要求纳入本单位整体培训计划(矩阵)中,按时组织培训。

(3) 防爆电气管理人员应根据其职责参加培训,考试合格后持证上岗。

(4) 防爆电气作业人员应根据其职责参加培训,考试合格后持证上岗。

(5) 相关单位应根据本单位实际情况,确定防爆电气培训师的需求。

(6) 各单位应确保在本单位爆炸危险场所工作的与防爆电气相关的工作人员(包括承包商人员)都具备与其工作岗位相匹配的防爆知识、技能与资质。

(7) 各单位应建立本单位防爆电气相关人员的培训档案,并妥善保存，培训档案可与员工档案一起保存。

二、防爆电气设备检查和维护人员的要求

防爆电气设备的检查和维护应由符合规定条件的有资质的专业人员进行，这些人员应经过包括各种防爆型式、安装实践、相关规章和规程以及危险场所分类的一般原理等在内的业务培训，这些人员还应接受适当的继续教育或定期培训，并具备相关经验和具有经过培训的资质证书。

连续监督应由企业的专业人员按要求进行，并做好相应的检查记录，对发现的异常现象应及时处理。

防爆电气设备应保持其外壳及环境的清洁，清除有碍设备安全运行的杂物和易燃物品，应指定化验分析人员经常检测设备周围爆炸性混合物的浓度。

三、电气设备检修人员的要求

应对从事检修工作的人员进行培训。培训应包括下列内容：
（1）防爆电气设备的一般原理和防爆标志识别。
（2）各种防爆电气设备的特征及性能。
（3）防爆电气设备标准和使用说明书。
（4）了解防爆电气设备上允许更换的零部件。
（5）修理技术。
（6）检验技术。

这种培训工作应经常进行，至少每三年应进行一次。

第三章　海洋石油平台生产设施危险区划分

第一节　爆炸性物质分类及危险场所划分原则与示例

一、爆炸性物质分类及危险场所划分原则

1. 爆炸性物质分类

中国将爆炸性危险物质分为三类：

Ⅰ类：矿井甲烷。

Ⅱ类：爆炸性气体混合物（含蒸气、薄雾）。

Ⅲ类：爆炸性粉尘和纤维。

美国和加拿大将爆炸性危险物质分为三类（级）：

CLASS Ⅰ：爆炸性气体。

CLASS Ⅱ：爆炸性粉尘。

CLASS Ⅲ：纤维。

2. 爆炸性危险场所危险区域划分原则

几乎不可能通过对设施或设施布置的简单检查来确定设施中哪些部分符合三个区域的规定（0类危险区、1类危险区或2类危险区）。对此，需要一个更详细的方法，这涉及对出现爆炸性气体环境的基本概率分析。

先按0类危险区、1类危险区和2类危险区的定义来确定产生爆

炸性气体环境的可能性。一旦确定了可能释放的频率和持续时间（释放等级）、释放速度、浓度、速率、通风和其他影响区域类型和/或范围的因素，确定周围场所可能存在的爆炸性气体环境就有了可靠的根据。因此，该方法要求更详细地考虑含有可燃性物质并且可能成为释放源的每台加工设备的情况。

尽管对设施进行了分类并且做了必要的记录，但未与负责场所分类的人员协商时，不允许对设备或操作程序进行修改。未经许可擅自进行场所分类无效。

划分危险区域时应考虑以下主要因素：
（1）存在危险物质的可能性。
（2）危险物质的释放量。
（3）危险物质的特性（气体密度等）。
（4）环境条件（气压、温度、湿度及通风情况等）。
（5）远离释放源的距离。
（6）危险物质泄漏监控设施设置情况。
（7）爆炸后果的严重性。

场所分类应由懂得可燃性物质性能、设备和工艺性能的专业人员进行，还应与懂安全、电气及其他的工程技术人员商议。

二、危险区域划分示例

（1）大型储罐危险区域如图 3-1 所示。

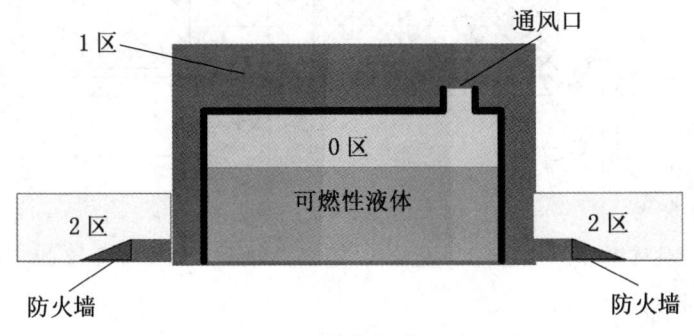

图 3-1　大型储罐危险区域示意图

(2) GB、IEC、EN、NEC505 标准中危险区域划分如图 3-2 所示。

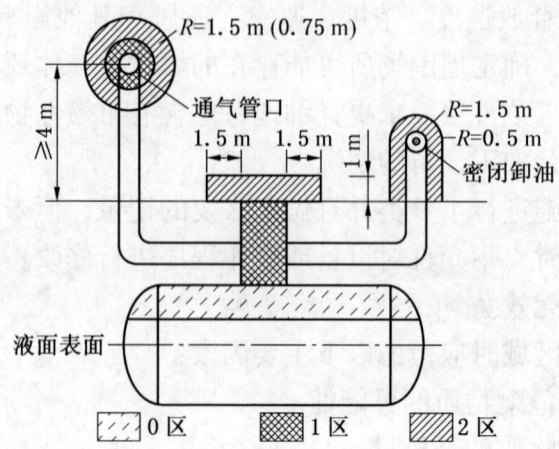

图 3-2　GB、IEC、EN、NEC505 标准中危险区域划分示意图

(3) NEC500 标准危险区域划分如图 3-3 所示。

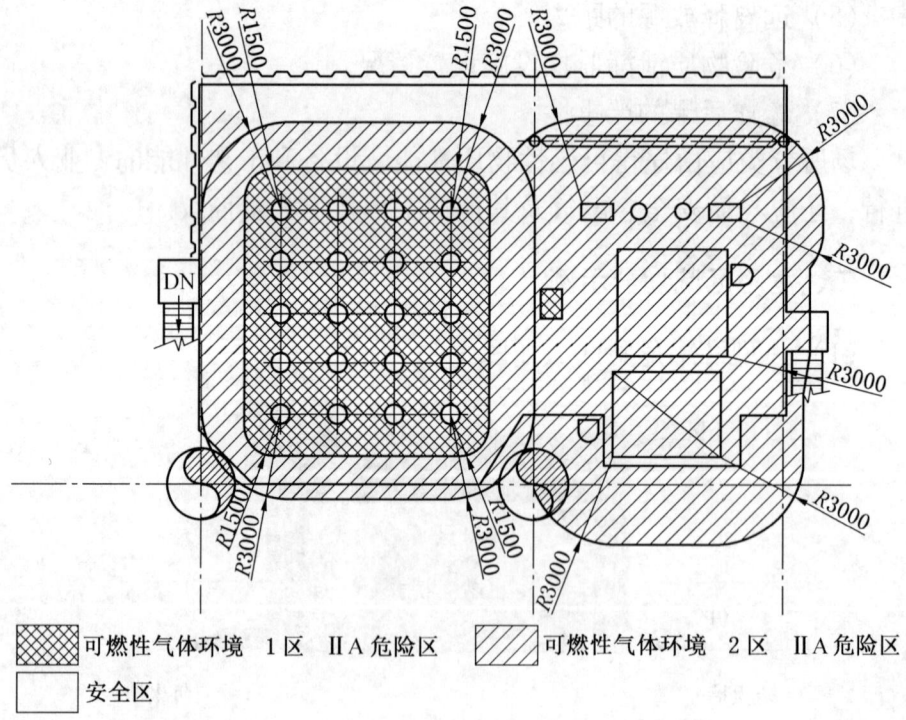

图 3-3　NEC500 标准危险区域划分示意图

第二节　海洋石油危险区的分类、范围划分及相关设计要求

一、海洋石油危险区分类

海洋石油平台生产设施在海上作业，危险系数极高。因此，应对爆炸性气体环境进行识别和分类，以便有区别地、合理地选择防爆电气设备、电缆，以避免爆炸事故发生。

海油石油平台无论是钻井还是采油作业期间，危险性极大，可根据不同区域确定危险级别，划分危险区域，以做警示。

根据《海洋石油安全管理细则》(国家安全生产监督管理总局令第25号) 第十八条规定，按照设施不同区域的危险性，划分三个等级的危险区：

（1）0类危险区，指在正常操作条件下，连续出现达到引燃或者爆炸浓度的可燃性气体或者蒸气的区域。

（2）1类危险区，指在正常操作条件下，断续地或者周期性地出现达到引燃或者爆炸浓度的可燃性气体或者蒸气的区域。

（3）2类危险区，指在正常操作条件下，不可能出现达到引燃或者爆炸浓度的可燃性气体或者蒸气；但在不正常操作条件下，有可能出现达到引燃或者爆炸浓度的可燃性气体或者蒸气的区域。

设施的作业者或者承包者应当将危险区等级准确地标注在设施操作手册的附图上。对于通往危险区的通道口、门或者舱口，应当在其外部标注清晰可见的中英文"危险区域""禁止烟火"和"禁带火种"等标志。

二、海洋石油设施危险区范围划分

1. 划分为0类危险区的处所

（1）泥浆循环系统中从井口至除气排出管终端之间的内部空间。

(2) 原油储存容器及外输系统的内部空间。

2. 划分为1类危险区的处所

(1) 钻井泥浆系统中,从井口至最终除气口之间的一段 3 m 以内的区域。如泥浆系统在围蔽的处所内,则整个围蔽处所划为 1 类危险区。

(2) 在钻井阶段围蔽的钻井架以内的区域。

(3) 采油树周围和下方的半围蔽、有遮挡且通风不良的地方。

(4) 油、气、水处理系统中以及原油储存系统中任何泄放口、放气口周围半径 3 m 以内的区域。

(5) 原油储存罐的透气装置出口及其他一切天然气的冷空放的周围半径 3 m 的区域。

(6) 闪点不小于 60 ℃ 的燃料油柜的内部空间。

(7) 内含 1 类释放源且通风合格的任何围蔽处所。

3. 划为2类危险区的处所

(1) 原油储存区域并包括以管路和储油罐向外延伸 3 m 的区域。

(2) 其他一切运送、储存、处理天然气、原油或闪点小于 60 ℃ 油类的系统中的管道及设备周围 3 m 以内的区域。

(3) 天然气冷空放口以及原油储存罐的透气口周围从 1 类危险区之外再向外延伸半径 7 m 的区域。

(4) 内含 2 类释放源且通风合格的任何围蔽处所。

(5) 油漆间含有原油软管的围蔽处所。

三、危险区出入口设计要求

影响危险区范围的开口、出入口和通风条件除操作原因外,不应在下列部位设出入口或其他开口:

(1) 安全区和危险区之间。

(2) 2 类危险区处所和 1 类危险区处所之间。

(3) 有出入口与任何 1 类危险区直接相通的围蔽处所,该围蔽处所可视为 2 类危险区,但须符合下列要求:

①该出入口设有一个开向2类危险区的气密门。

②当门开着时，通风空气是从2类危险区流向1类危险区的。

③通风失灵时，应在有人值班的操纵台上报警。

（4）有出入口与任何2类危险区直接相通的围蔽处所，该围蔽处所可不视为危险区，但须符合下列要求：

①该出入口设有一个开向非危险区的自闭式气密门。

②当门开着时，通风空气是从非危险区流向2类危险区的。

③通风失灵时，应在有人值班的操纵台上报警。

（5）有出入口与任何1类危险区直接相通的围蔽处所，该围蔽处所可不视为危险区，但须符合下列要求：

①该出入口设有符合要求的气锁间。

②该围蔽处所对危险区具有正压通风。

③正压通风停止时，应在有人值班的操纵台上报警。

预定的安全围蔽处所的通风装置足以防止1类危险区域的气体进入该处所，则可用一扇开向非危险区且无门背钩装置的自闭式气密门来代替形成气锁的两扇自闭门。但当正压通风失灵时应在有人值班的操纵台上报警。

（6）气锁间：

①气锁间只允许设在开敞甲板上危险区处所和安全处所之间，并设有两扇间距不小于1.5 m，但不大于2.5 m的气密门。

②气密门应为自闭式的，且没有任何门背钩装置。

③在气锁间两侧应配备声、光报警系统，以指明一扇以上门从关闭位置移开。

④气锁间内如安装非防爆型电气设备，当该处所正压状态消失时，应能自动切断电路。

⑤气锁间应自安全处所进行机械通风，并且应对敞开甲板上的危险区域保持正压。

⑥气锁间的门槛高度应不小于300 mm。

海洋石油平台的危险区域如何设计、划分危险级别，对于平台人员的安全起着至关重要的作用，对于不同的危险级别，配备的安全设施不同。因此，应有针对性地对高危险区域进行重点防护，提高施工人员的人身安全保障。

四、危险区变更

当建造完工图纸与原批准的图纸不相符时，应按完工图纸重新划分危险区。当平台进行重大改建后，应重新划分危险区。

第四章　海洋石油防爆电气设备选型

第一节　选　型　要　求

海洋石油的危险化学品作业场所存在的易燃易爆气体/蒸气种类繁多，生产、储存、运输等环节工艺装备复杂多变，释放源种类繁多，爆炸危险因素难以分析判定。因此，相比一般场所，其防爆电气设备的选型要复杂得多。中海油各海洋石油平台不仅涉及爆炸性危险场所，且设备大多处于易受腐蚀的海边，对防爆电气设备管理提出了更高的要求。海洋石油平台石油设施用防爆电气设备可能会受到使用环境条件的影响，必须考虑腐蚀、环境温度、紫外线辐射、水的进入等因素的影响。

选用防爆电气设备时应考虑的因素有：一要根据危险场所划分的

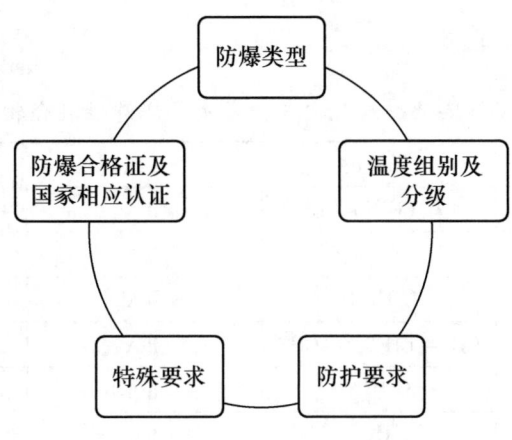

图 4-1　防爆电气设备选型应考虑的因素

危险区域来选用相应的电气设备防爆类型;二要根据危险环境可能存在的易燃易爆气体种类来选择防爆电气设备的级别和温度组别;三要考虑其他环境条件对防爆性能的影响(如化学腐蚀、盐雾、高温高湿、沙尘雨水或振动的影响);四要保证安装使用维护的特殊性;五要选用具有防爆合格证以及国家相应认证的产品。

防爆电气设备选型应考虑的因素如图4-1所示。

第二节 选型依据

一、根据易燃易爆物质防爆级别及温度组别选择

海洋石油设施主要生产和储存的物质为甲烷或低凝点原油。甲烷(CH_4)是无色无味的可燃性气体,沸点为-161.4℃,比空气轻,极难溶于水。甲烷和空气以适当比例混合,遇火花会发生爆炸。低凝点原油自燃点约350℃,闪点小于28℃,其火灾危险性分类为甲B类,在操作中若发生泄漏,遇明火可能引起火灾和爆炸事故。

海洋石油设施产生的主要易燃易爆物质有环戊烷、环己烷、乙硫醇、噻吩、吡啶、氢、甲烷等,其爆炸性混合物分级分组关系见表4-1。

表4-1 海洋石油平台主要气体或蒸气爆炸性混合物分级分组

物质	分子式	防爆级别	温度组别
环戊烷	$CH_2(CH_2)_3CH_2$	ⅡA	T3
环己烷	$CH_2(CH_2)_4CH_2$	ⅡA	T3
乙硫醇	C_2H_5SH	ⅡA	T3
噻吩	$CH=CHCH=CHS$	ⅡA	T2
吡啶	C_5H_5N	ⅡA	T1
氢	H_2	ⅡC	T1
甲烷	CH_4	ⅡA	T1

第四章 海洋石油防爆电气设备选型

1. **环戊烷**

    分子式：$CH_2(CH_2)_3CH_2$　　化学类别：烷烃

    燃烧性：易燃　　引燃温度：361 ℃

    爆炸下限：1.4%　　爆炸上限：8.0%

    最小点火能：0.23 mJ　　闪点：−25 ℃

    防爆级别：ⅡA 级　　温度组别：T3 组

2. **环己烷**

    分子式：$CH_2(CH_2)_4CH_2$　　化学类别：烷烃

    燃烧性：易燃　　闪点：−16.5 ℃

    引燃温度：245 ℃

    爆炸下限：1.2%　　爆炸上限：8.4%

    最小点火能：0.22 mJ　　最大爆炸压力：0.843 MPa

    防爆级别：ⅡA 级　　温度组别：T3 组

3. **乙硫醇**

    分子式：C_2H_5SH　　化学类别：含硫化合物

    燃烧性：易燃　　闪点：−45 ℃

    引燃温度：295 ℃

    爆炸下限：2.8%　　爆炸上限：18.0 ℃

    防爆级别：ⅡA 级　　温度组别：T3 组

4. **噻吩**

    分子式：$CH=CHCH=CHS$　　化学类别：含硫化合物

    燃烧性：易燃　　闪点：−9 ℃

    引燃温度：395 ℃

    爆炸下限：1.5%　　爆炸上限：12.5%

    最小点火能：0.31 mJ　　最大爆炸压力：0.843 MPa

    防爆级别：ⅡA 级　　温度组别：T2 组

5. **吡啶**

    分子式：C_5H_5N　　化学类别：含氮化合物

    燃烧性：易燃　　闪点：17 ℃

    引燃温度：482 ℃

    爆炸下限：1.7%　　爆炸上限：12.4%

防爆级别：ⅡA级　　　　　　温度组别：T1组

6. 氢

分子式：H₂　　　　　　　　化学类别：非金属单质

燃烧性：易燃　　　　　　　引燃温度：400 ℃

爆炸下限：4.1%　　　　　　爆炸上限：74.1%

最小点火能：0.019 mJ　　　最大爆炸压力：0.720 MPa

防爆级别：ⅡC级　　　　　　温度组别：T1组

7. 甲烷

分子式：CH₄　　　　　　　　类别：烷烃

燃烧性：易燃　　　　　　　闪点：-188 ℃

引燃温度：538 ℃

爆炸下限：5.0%　　　　　　爆炸上限：15.0%

最小点火能：0.28 mJ　　　　最大爆炸压力：0.706 MPa

防爆级别：ⅡA级　　　　　　温度组别：T1组

选用的防爆电气设备的级别和组别，不应低于该爆炸性气体环境内爆炸性气体混合物的级别和组别。当存在有两种以上易燃性物质形成的爆炸性气体混合物时，应按危险程度较高的级别和组别选用防爆电气设备。

二、不同区域防爆电气设备防护等级的选择

IP防护等级系统是由IEC起草，将电器依其防尘防湿气特性加以分级。IP防护等级由两个数字组成，第1个数字表示电器防尘、防止外物侵入的等级，第2个数字表示电器防湿气、防水浸入的密闭程度。防爆电气设备使用何种防护等级的电气设备由所处的环境决定，并应符合《外壳防护等级（IP代码）》（GB/T 4208—2017）的要求。

根据《海洋石油平台电气设备防护、防爆等级要求》（CB/T 4397—2014），安装在舱室和室内的电气设备防护等级最低要求为IP2X，所有安装在室外和敞开甲板上的电气设备外壳防护等级最低要求是满足IP55的规定。

1. 防尘、防止外物侵入的防护等级

第四章 海洋石油防爆电气设备选型

外壳防护等级一般由两位数字组成,第一位数字表示产品防尘、防止外物侵入的等级,见表4-2。

表4-2 第一位特征数字表示的防尘、防止外物侵入等级

第一位特征数字	防护等级	
	简要说明	含义
0	无防护	
1	防止直径不小于50 mm的固体异物	直径50 mm的球形物体试具不得完全进入壳内
2	防止直径不小于12.5 mm的固体异物	直径12.5 mm的球形物体试具不得完全进入壳内
3	防止直径不小于2.5 mm的固体异物	直径2.5 mm的物体试具不得完全进入壳内
4	防止直径不小于1.0 mm的固体异物	直径1.0 mm的物体试具不得完全进入壳内
5	防尘	不能完全防止尘埃进入壳内,但进入的灰尘量不得影响设备正常运行,不得影响安全
6	尘密	无灰尘进入

2. 防湿气、防水浸入的防护等级

第二位数字表示产品防湿气、防水浸入的等级,见表4-3。

表4-3 第二位特征数字表示的防湿气、防水浸入等级

第二位特征数字	防护等级	
	简要说明	含义
0	无防护	
1	防止垂直方向滴水	垂直方向滴水应无有害影响
2	防止当外壳在15°倾斜时垂直方向滴水	当外壳从正常位置倾斜15°时,垂直滴水无有害影响
3	防淋水	当外壳的垂直面在60°范围内淋水,无有害影响

表4-3（续）

第二位特征数字	防护等级	
	简要说明	含义
4	防溅水	向外壳各方向溅水无有害影响
5	防喷水	向外壳各方向喷水无有害影响
6	防强烈喷水	向外壳各方向强烈喷水无有害影响
7	防短时间浸水影响	浸入规定压力的水中经规定时间后进入外壳水量不致达到有害程度
8	防持续浸水影响	按生产厂和用户双方同意的条件（应比特征数字为7时严酷）持续浸水后外壳进水量不致达到有害程度
9	防高温/高压喷水	向外壳各方向喷射高温/高压水无有害影响

三、设备保护级别选型

工厂用设备防爆电气设备保护级别与危险场所区域有对应关系，见表4-4。

表4-4 工厂用设备保护级别与危险区域的关系

适用环境	提供的保护	设备保护级别	危险区域
爆炸性气体环境	很高	Ga	0区
	高	Gb	1区
	一般	Gc	2区

注：1. 保护级别为Ga级的设备，应至少设置两个独立的保护措施。在设备运行过程中，两个独立的保护措施能够在正常运行状态下、出现故障条件下和在罕见的故障条件下保证设备不可能成为可燃性气体的点燃源。
2. 保护级别为Gb级的设备，应至少设置一个保护措施。这个保护措施在设备正常运行状态下和出现预期故障条件下能够保证设备不可能成为可燃性气体的点燃源。
3. 保护级别为Gc级的设备，一般不需要另加保护措施。Gc级的设备在正常运行时不可能成为可燃性气体的点燃源。

四、相关区域防爆电气设备的防爆级别及温度组别的选择

（1）蓄电池间：一级二类危险区，防爆级别为ⅡB+氢H或ⅡC级，温度组别为T1组。

（2）其他区域：防爆级别为不低于ⅡA级，温度组别为T3组。

五、常用防爆电气设备选型注意事项

1. 隔爆型电气设备选型特殊要求

（1）隔爆型电气设备隔爆面应有防锈措施。但防锈处理不得采用涂抹黄油等传统方法。试验表明，黄油等油脂有助燃作用，而且容易固化，固化后的固态物将增大隔爆接合面的间隙。

（2）隔爆接合面保护可使用非凝结性润滑脂或防腐剂。通常使用硅润滑脂比较合适。

（3）对设备的金属外壳，必要时应涂适当的保护涂层以作为防腐措施。

（4）特别注意设备螺栓和电缆引入装置的紧固性。

2. 防爆配电箱选型注意事项

防爆配电箱主要有防爆照明配电箱、防爆动力配电箱、防爆防腐配电箱、防爆控制箱、防爆配电柜。防爆配电箱选型注意事项如下：

（1）防爆配电箱中的导线进线口和出线口应设在箱体下底面，尽量不要设在箱体上顶面、侧面、后面或箱门处。

（2）防爆配电箱内的连接线采用绝缘导线，接头不得松动，不得有外露带电部分；配电箱、开关箱内的工作零线应通过接线端子板连接，与保护零线接线端子板分设；配电箱、开关箱的金属箱体、金属电器安装板以及箱内电器的不应带电金属底座、外壳等必须做保护接零，保护零线应通过接线端子板连接。

（3）防爆配电箱应采用铁板、铝壳、不锈钢板或优质绝缘材料制作，铝板厚度应达到爆炸强度要求；配电箱内的电器应首先安装在金属或非木质的绝缘电器安装板上，然后整体紧固在配电箱箱体内；

金属板与配电箱箱体应作电气连接。

（4）涂层应附着牢固，颜色均匀，无皱纹、剥落、斑点、漏喷等不良现象，在距离1 m处观察无明显色差和反光，表面平整、干净、无凹坑、划痕等损伤现象。箱中使用的其他有镀层的零部件，也应保证无剥落、斑点、漏镀、生锈等不良现象。配电箱内应干净，除应提供给技术文件和零配件及相应其他国家规范要求的附件外，配电箱内不得有杂物、灰尘等。

（5）配电柜的结构应完整坚固，同时在非落地式配电箱背面的左下角和右上角焊出两个承耳；并且如果是落地安装的配电箱，底面应高出地面50~100 mm，操作手柄中心高度一般为1.2~1.5 m。配电箱（柜）以外不得有裸带电体外露；必须装设在配电箱（柜）外表面或配电板上的电气元件，必须有可靠的屏护。

（6）故障或不正常运行时借助保护电器切断电路或报警。借助测量仪表可显示运行中的各种参数，还可对某些电气参数进行调整，对偏离正常工作状态进行提示或发出信号。

3. 复合型防爆电气设备选型注意事项

在爆炸性环境中存在各种各样的防爆电气设备，有简单的单一型设备，也有复杂的复合型防爆设备。所谓"简单"是指这种电气设备为完成某一功能所需的执行机构简单，而"复杂"是指这种电气设备为完成某一功能所需的执行机构复杂。为确保这些复合型防爆电气设备在爆炸性环境中安全运行，其防爆结构十分重要。

复合型防爆电气设备的防爆结构是保证防爆安全性能的重要一环。为保证复合型防爆电气设备在爆炸性环境中安全运行，不成为爆炸性环境中可燃性气体和蒸气的点燃源，需要合理设计其防爆水平以及满足一些安全要求。对于复合型防爆电气设备，必须依据相应的爆炸性危险场所中存在的可燃性气体或蒸气来确定其整体的温度组别，整体的温度组别一旦确定下来之后，与其配套的防爆电气单元的温度组别也就确定了。然后根据爆炸性环境中存在的可燃性气体或蒸气的分级来确定复合型防爆电气设备所用的防爆电气单元的防爆级别。

复合型防爆电气设备的外壳主要起防爆和防护作用，因而应根据复合型防爆电气设备即将运行的环境场所条件规定设计防护等级，除此之外还应考虑外壳的材料和强度。当外壳采用塑料或金属喷涂塑料材料时，这种外壳一定要符合相关规定。当外壳采用塑料或金属材料喷塑时，其标准也要符合相关规定，除此之外还应根据材料结构和壁厚来考虑。然后是电气设备的接地要求，其主要是为了防止电气绝缘破坏设备外壳，金属导电体带电伤害人体继而发生事故，亦称"保护性接地"。不管在何种供电系统中，设备的外露导电部分必须接地，才可保障安全。

4. 防爆电气设备选型的质量要求

防爆电气设备基本是辅助生产的设备，是安全的重要保证。但是，一些企业对其缺乏重视，盲目地追求利润指标，降低辅助设备购置费用，从而忽视了对人的生命和财产的安全。购置的设备质量差，防爆性能不稳定，甚至是劣质产品。因此应选购高质量防爆电气产品。

高质量防爆电气产品，体现在它的电气性能和防爆结构设计合理，防爆参数和环境指标满足应用场所的要求，能够在安装、长期使用、维护和检修后仍然具备防爆性能。选用防爆电气产品一定要严格执行国家标准的相关规定和应用环境的特殊要求。

（1）大直径电缆引入装置、防拔脱装置的合理利用。

（2）用于防护的密封圈应采取措施，防止脱落。

（3）应避免非金属外壳表面产生静电电荷，可采取下列方法：①限制表面电阻值；②限制表面积；③设置静电警告标志牌。

（4）特别要考虑钢板焊接产品的焊接方式、工艺以及钢板的强度和厚度。

（5）注意非金属材料样片的制备工艺和精度要求，防止样片性能的分散性以及样片变形。

（6）制定胶黏或浇封工艺时，要考虑它们的黏着力和强度，防止浇封或胶黏的部件、电缆受力脱落或受到爆炸强度拔出。

（7）隔爆型产品装配时应考虑隔爆面紧固螺栓力矩均匀的要求，

同时要明示用户安装、维修时紧固螺栓的力矩要求。

第三节 选型时气体类别对照

一、温度组别对照

介绍爆炸性气体/蒸气的分组，是便于防爆电气设备的设计和制造。根据各种气体/蒸气的点燃温度不同，而划分为6个组别：T1、T2、T3、T4、T5、T6。当然，防爆电气设备在设计制造中，其可能点燃的发热部件或设备表面温度应满足各个组别的要求。我国国家标准《爆炸性环境 第1部分：设备 通用要求》（GB 3836.1—2010）、国际电工委员会标准（IEC）、欧洲标准（EN）、北美标准（NEC505）均采用上述分组方法，但北美标准（NEC500）却划分得更加详细，见表4-5。

表4-5 GB、IEC、EN、NEC505与NEC500标准温度组别的区别

GB、IEC、EN、NEC505		NEC500	
温度组别	最高表面温度/℃	温度组别	最高表面温度/℃
T1	450	T1	450
T2	300	T2	300
		T2A	280
		T2B	260
		T2C	230
		T2D	215
T3	200	T3	200
		T3A	180
		T3B	165
		T3C	135

表4-5（续）

GB、IEC、EN、NEC505		NEC500	
温度组别	最高表面温度/℃	温度组别	最高表面温度/℃
T4	135	T4	120
T5	100	T5	100
T6	85	T6	85

注：该温度组别的划分适用于非煤矿电气设备（Ⅱ类）。

二、气体分级对照

在气体分级方面，我国国家标准《爆炸性环境 第1部分：设备 通用要求》（GB 3836.1—2010）、国际电工委员会标准（IEC）、欧洲标准（EN）、北美标准（NEC505）与北美标准（NEC500）不相同，见表4-6。

表4-6 GB、IEC、EN、NEC505标准与NEC500标准气体分级的区别

典型气体	GB、IEC、EN、NEC505	NEC500	点燃特性
甲烷	Ⅰ	D	难 ↓ 易
丙烷	ⅡA	D	
乙烯	ⅡB	C	
氢气	ⅡC	B	
乙炔	ⅡC	A	

第四节 防爆电气设备采购与验收作业实践

一、设备供应商的审查

应对厂家资质进行审查，审查内容包括但不限于：
（1）投标文件中说明的生产能力及技术能力。

(2)厂家营业执照。
(3)厂家资质证书。
(4)厂家质量管理体系及质量跟踪控制措施。
(5)厂家近三年主要业绩。
(6)厂家的设计依据。

二、防爆电气设备的验收

1. 通用要求

(1)防爆电气设备的型号、规格和防爆标志应符合设计要求,技术文件齐全,附件、配件、备件完好齐全。

(2)要求供应商提供有效的防爆合格证,核查防爆合格证和生产许可证的真伪及是否在有效期内;要特别注意防爆合格证后缀"U"和"X"的设备。

(3)防爆电气设备是否满足使用环境的特殊要求,如盐雾、湿热、防止坠落物、特殊温度、震动环境等。

(4)核对产品铭牌信息与防爆合格证书是否一致。

(5)依据防爆标准和设备的结构特征判断是否满足防爆标准要求。

2. 不同类型防爆电气设备的采购验收要求

不同类型防爆电气设备的采购验收要求见表4-7。

表4-7 不同类型防爆电气设备的采购验收要求

序号	防爆型式	制造要求	标准	是否符合要求	备注
1	隔爆型	隔爆面长度(包括螺纹、胶黏)满足标准要求	GB 3836.2—2010 第5章、第6章		
		电气设备隔爆间隙尺寸在允许的最大尺寸范围内	GB 3836.2—2010 第5章		

表4-7（续）

序号	防爆型式	制造要求	标准	是否符合要求	备注
1	隔爆型	电气设备的铭牌标识清楚，有防爆标志、防爆合格证号	GB 3836.1—2010 第29章		
		电气设备的外壳应无裂缝、损伤			
		隔爆面清洁、无损伤及锈蚀			
		透明件无损伤，透明件与金属密封垫符合要求	GB 3836.2—2010 第5章、第9章		
		电动机风扇与外壳和/或外罩之间有足够的间距	GB 3836.1—2010 第17章		
		呼吸和排水装置合格	GB 3836.2—2010 第10章		
2	增安型	电气设备的铭牌标识清楚，有防爆标志、防爆合格证号	GB 3836.1—2010 第29章		
		电气设备的外壳应无裂缝、损伤			
		外表衬垫状态良好，无损坏现象			
		电气设备的温度保护装置（保护）及附件应齐全、良好			
		电动机风扇与外壳和/或外罩之间有足够的间距	GB 3836.1—2010 第17章		
		电气间隙和爬电距离应符合要求	GB 3836.3—2010 表1		
		电气设备内部布线符合要求	GB 3836.3—2010 第4章		
		外壳的防护等级符合要求	GB 3836.3—2010 第4章第9节		

表4-7（续）

序号	防爆型式	制造要求	标准	是否符合要求	备注
3	n型	电气设备的铭牌标识清楚，有防爆标志、防爆合格证号	GB 3836.1—2010 第29章		
		电气设备的外壳应无裂缝、损伤			
		电动机风扇与外壳和/或外罩之间有足够的间距	GB 3836.1—2010 第17章		
		对电气设备的规定	GB 3836.8—2014 第6章		
4	本安型	电气设备的铭牌标识清楚，有防爆标志、防爆合格证号	GB 3836.1—2010 第29章		
		独立供电的本质安全型电气设备的电池型号、规格应符合铭牌中的规定			
		配套关联设备的型号、规格必须符合铭牌中的规定			
		电气连接牢固			
		印刷电路板清洁无损坏			
5	正压外壳型	电气设备的铭牌标识清楚，有防爆标志、防爆合格证号	GB 3836.1—2010 第29章		
		电气设备的报警系统、断电系统应可靠动作			
6	油浸型	电气设备的铭牌标识清楚，有防爆标志、防爆合格证号	GB 3836.1—2010 第29章		
		电气设备油箱、油标无裂缝及漏油			
		油面在油标范围内			
		排油孔、排气孔畅通			

第五章 海洋石油平台常用防爆电气设备

第一节 防爆电气设备防爆原理与标志

防爆电气设备是按规定标准设计制造的不会引起周围爆炸性混合物爆炸的电气设备。海洋石油平台常用防爆电气设备（包括非标防爆电气产品）有：防爆灯具类、防爆接线箱、防爆配电箱、防爆操作柱、防爆控制箱、防爆断路器、防爆插接装置、防爆管件、各类非标防爆产品。

防爆电气设备的防爆原理简介如图 5-1 所示。

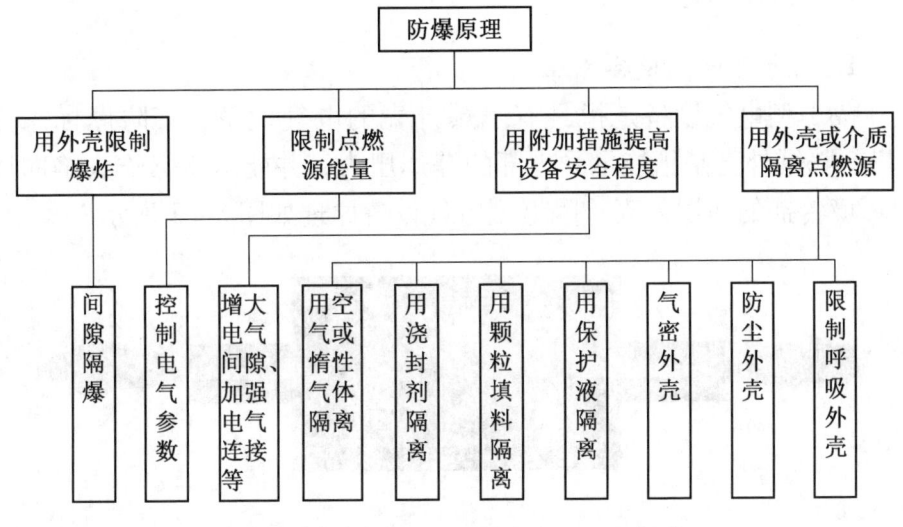

图 5-1 防爆电气设备的防爆原理简介

防爆电气设备防爆标志说明如图5-2所示。

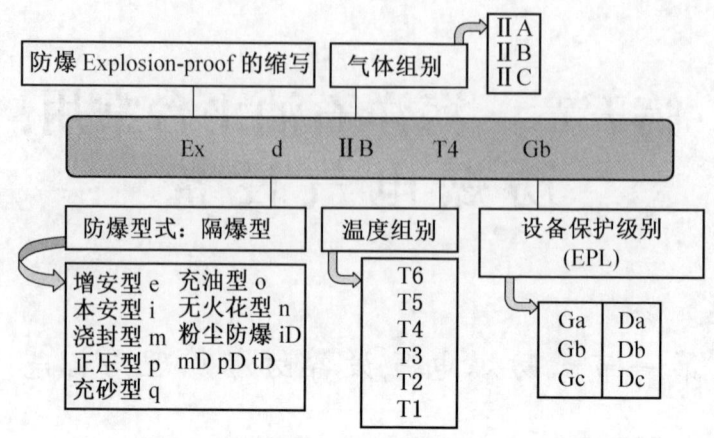

图5-2 防爆电气设备防爆标志说明

第二节 常用防爆电气设备

一、隔爆型电气设备

1. 隔爆型电气设备原理

隔爆型电气设备是指具有隔爆外壳的电气设备，其防爆标志为"d"。隔爆外壳是指能承受内部的爆炸压力，并能阻止爆炸火焰向周围环境传播的防爆外壳。隔爆型电气设备原理如图5-3所示。

图5-3 隔爆型电气设备原理示意图

隔爆型电气设备通过如下措施实现隔离爆炸：

（1）耐爆：外壳具有一定的强度，内部产生爆炸而不损坏和变形。

（2）隔爆：外壳具有特定结构、参数的隔爆接合面，阻止外壳内的爆炸通过接合面传播到外壳周围的爆炸性气体危险环境。

电气设备外壳的内部由于呼吸作用会进入周围的爆炸性气体混合物，当设备产生电火花及危险高温时，将引燃壳内的爆炸性气体混合物，形成巨大的爆破力及冲击波。一方面隔爆外壳应能承受内部的爆炸压力而不破损，另一方面隔爆外壳的接合面应能阻止爆炸火焰向壳外传播点燃周围的爆炸性气体混合物。因此隔爆外壳应有耐爆性及隔爆性两种性能。

2. 海洋石油平台常用的隔爆型电气设备

（1）防爆投光灯（图5-4）。

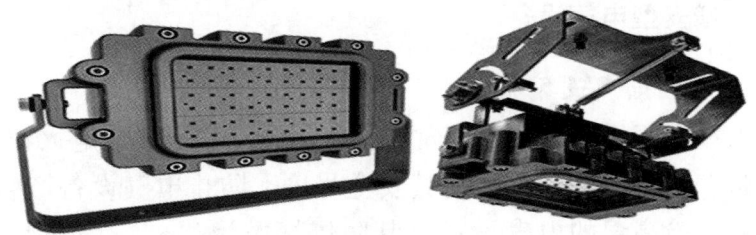

图5-4　防爆投光灯

（2）防爆接线箱（图5-5）。

图5-5　防爆接线箱

(3) 防爆控制箱（图5-6）。

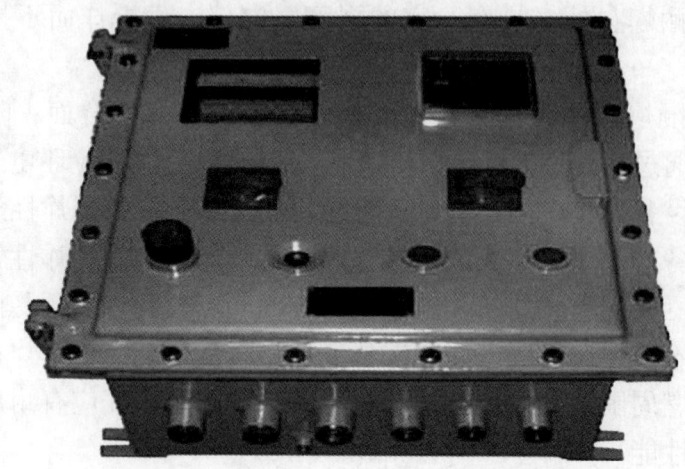

图5-6 防爆控制箱

二、增安型电气设备

1. 增安型电气设备原理

增安型电气设备是指对正常条件下不会产生电弧或电火花的电气设备，进一步采取措施，提高其安全程度，防止电气设备产生电弧、电火花及危险高温的电气设备，其防爆标志为"e"。增安型电气设备原理如图5-7所示。

图5-7 增安型电气设备原理示意图

增安型电气设备主要通过如下措施提高设备安全性：

（1）外壳具备一定防尘、防水等级（IP等级），防止外部介质影响内部电气安全。

（2）选用绝缘等级高的绝缘材料，通过增大电气间隙、爬电距离保证内部电气充分安全。

（3）可靠地电气连接，以降低接触电阻，实现电气连接良好，降低温升。

2. 海洋石油平台常用的增安型电气设备

海洋石油平台常用的增安型电气设备如图5-8所示。

图5-8　增安型电气设备

三、n型电气设备

1. n型电气设备原理

无火花型电气设备原来仅指正常工作中不产生火花或电弧的电气设备，例如交流异步电动机。在其基础上进一步采取一些安全措施，例如风扇叶片采用无火花材料，外壳防护等级选用IP44或IP54，电气间隙和爬电距离适当加大等。后来，这种防爆概念扩大到对正常工作中产生火花的电气产品，根据其情况采取例如气密封、简单通风或限制能量等措施，达到一定的安全程度。由于这种防爆类型的扩展，"无火花"型已经不太确切，现在常常被称"n"型。n型电气设备有5种防爆型式：

(1) Ex nA：无火花型设备。
(2) Ex nR：限制呼吸外壳。
(3) Ex nL：限制能量设备。
(4) Ex nZ：正压外壳型。
(5) Ex nC：封闭式结构，有火花型设备。

2. 海洋石油平台常用的 n 型电气设备

海洋石油平台常用的 n 型电气设备如图 5-9 所示。

图 5-9 n 型电气设备

四、本安型电气设备

1. 本安型电气设备原理

本质安全电路是指在规定的条件下（包括正常工作和规定的故障条件），产生的任何电火花或任何热效应均不能点燃规定的爆炸性气体环境的电路。本安型电气设备原理如图 5-10 所示。

本安型电气设备是指所有电路都是本质安全电路的电气设备，其防爆标志为"i"。本质安全设备保护等级又分为 ia、ib 和 ic 等级。

本安型电气设备主要是通过控制电路的电气参数，使电路达到本安防爆要求，主要措施如下：

第五章 海洋石油平台常用防爆电气设备

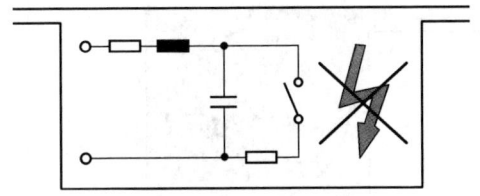

图 5-10　本安型电气设备原理示意图

(1) 降低电压和电流。
(2) 减小电感和电容等储能元件参数。

2. 海洋石油平台常用的本安型电气设备

海洋石油平台常用的本安型电气设备如图 5-11 所示。

图 5-11　本安型电气设备

五、正压型电气设备

1. 正压型电气设备原理

正压型电气设备是指具有正压外壳的电气设备，可采用正压的惰性气体或空气把点燃源与可燃环境隔离，其防爆标志为"p"。所谓正压外壳是指保持内部保护气体的压力高于周围爆炸性气体环境的压力，阻止外部混合物进入的外壳。正压型电气设备原理如图 5-12 所示。

图 5-12　正压型电气设备原理示意图

正压型电气设备又分为 Px、Py、Pz 三种型式。

（1）Px 型正压：将正压外壳内的危险分类从 1 区降至安全区的正压保护。

（2）Py 型正压：将正压外壳内的危险分类从 1 区降至 2 区的正压保护。

（3）Pz 型正压：将正压外壳内的危险分类从 2 区降至安全区的正压保护。

2. 海洋石油平台常用的正压型电气设备

海洋石油平台常用的正压型电气设备如图 5-13 所示。

图 5-13　正压型电气设备

六、油浸型电气设备

1. 油浸型电气设备原理

油浸型电气设备是将电气设备的部件整个浸在保护液中，使设备不能点燃液面上或外壳外面的爆炸性气体。油浸型电气设备是采用符合要求的保护液把点燃源与可燃环境隔离。对保护液的要求：保护液的着火点、闪点、动黏度、电气击穿强度、体积电阻、凝固点、酸度等参数应符合标准要求。油浸型电气设备原理如图5-14所示。

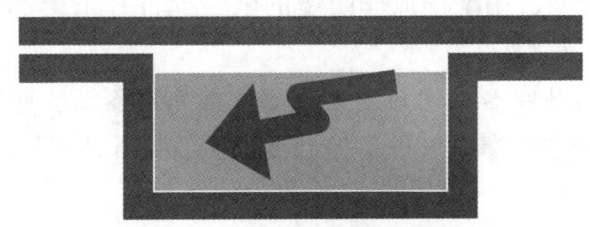

图5-14　油浸型电气设备原理示意图

可以制成油浸型电气设备的产品主要为变压器、控制按钮类产品。

2. 海洋石油平台常用的油浸型电气设备

海洋石油平台常用的油浸型电气设备如图5-15所示。

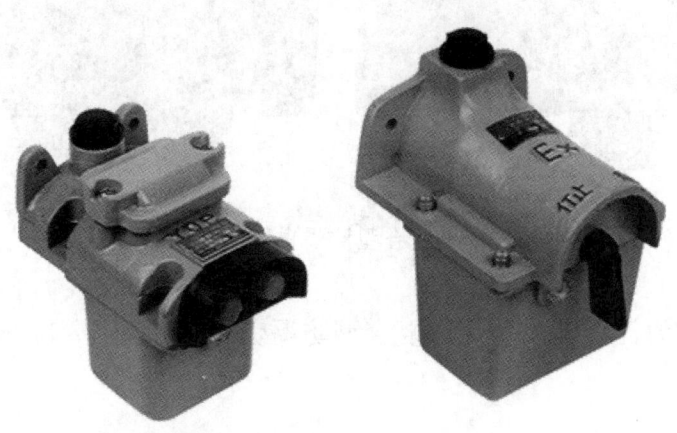

图5-15　油浸型电气设备

七、复合型防爆电气设备

1. 复合型防爆电气设备原理

近年来,随着海洋石油平台自动化程度的提高,使用在海洋石油平台设施的复合型防爆电气设备越来越多,如防爆控制箱。复合型的防爆是指在一台电气设备的不同部分或元件使用不同的防爆型式,完成某种功能的防爆电气设备。例如,防爆等级为 Ex de ⅡC T6 Gb 的柜体,就是由隔爆型和增安型两种防爆型式组合而成的防爆柜体,上半部分为隔爆型,用于摆放非防爆的电气元件;下半部分为增安型,专门用于接线使用。

2. 海洋石油平台常用的复合型防爆电气设备

(1) 复合型防爆电气设备控制图如图 5-16 所示。

图 5-16 复合型防爆电气设备控制图

(2) 海洋石油平台用的复合型防爆荧光灯如图 5-17 所示。

第五章　海洋石油平台常用防爆电气设备

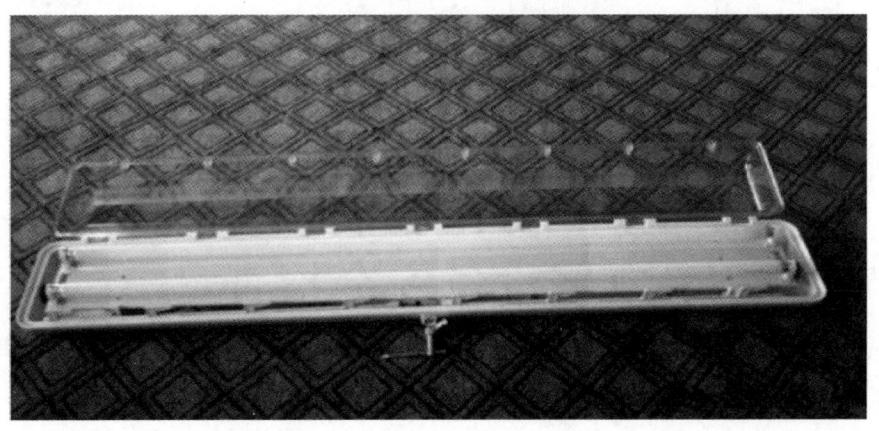

图5-17　复合型防爆荧光灯

第六章 海洋石油平台防爆电气设备安全检查

第一节 检查要求

为了确保中海油生产设施的防爆电气设备安全运行，避免爆炸、火灾事故发生，使危险场所电气设备的点燃危险减至最小，依据《海洋石油平台固定平台安全规则》及安全生产行业标准《危险场所电气防爆安全规范》（AQ 3009—2007）的要求，在装置和设备投入运行之前工程竣工交接验收时，应对它们进行初始检查。为保证电气设备处于良好状态，可在危险场所长期使用，应进行连续监督和定期检查。检查内容包括对危险区域中防爆电气设备的选型、产品质量、安装以及防爆电气设备相关证书（防爆合格证、产品合格证、使用说明等）进行检查、核对，发现不符合的情况应及时整改。

一、技术文件审查内容

（1）查阅施工设计爆炸危险区域划分图，确认防爆电气设备在爆炸危险区域中所处的位置和危险场所的划分等级。

（2）查阅受检查单位防爆电气设备所处位置危险场所中危险物质的名称、分级分类、温度组别。

（3）查阅安装使用在爆炸性危险场所区域内防爆电气设备的管理档案资料，例如防爆电气产品名称、型号规格、防爆标志、防爆合格证号、生产单位、出厂日期，防爆电气产品合格证、防爆电气产品防爆合格证复印件及生产许可证。

（4）审查所用防爆电气设备的防爆型式、防爆（类）级别、温度组别，是否符合施工设计中所提出的选型要求。

（5）查阅防爆电气设备巡检、维护保养、历次维修改造记录。

二、检查程序

（1）凡是具有爆炸性危险场所的新建、改建、扩建的生产、储存装置和设施，都须使用电气防爆安全设施。这些设施应委托具有防爆专业资质的安全生产检测检验机构进行相关检查。

（2）检查工作包括技术文件审查和实地检查两项内容。

（3）技术文件审查须送下列资料：

①爆炸危险区域划分图。

②相应危险区域内的爆炸性危险物质的名称及其化学品安全技术说明书（Material Safety Data Sheet，MSDS）。

③在用防爆电气产品清单，包括安装区域和位号等信息。

④各防爆电气产品防爆合格证复印件（防爆检验机关颁发）。

⑤有关防爆电气设备特殊使用条件的说明性文件。

⑥本质安全系统描述性技术文件。

⑦有关安装质量的相关资料（安装公司提供）。

（4）具有防爆专业资质的安全生产检测检验机构检查后发给检查报告。

（5）当装置或设施局部更改时，应报原具有防爆专业资质的安全生产检测检验机构重新检查。

注：当装置或设施检查不合格时，企业应立即整改，整改合格后报安全生产检测检验机构复查。

第二节 检查方法

生产设施危险区域内防爆电气设备现场检测检查工作采用目视检查、一般检查与详细检查相结合的方法。

现场检查逐层（或逐个工作面）进行，一般检查与详细检查相结合。对每个工作层面安装的各类型防爆电气产品及其安装、接线、接地等质量，以随机抽查方式进行详细检查。详细检查3台（或3处）后，如未发现问题，则对同类型产品或安装、接线、接地方式，转为以普查方式进行一般检查。如详细检查发现问题或一般检查怀疑存在问题，则对同一层面同类型产品或安装、接线、接地方式扩大一倍抽样量，进行详细检查，以确认同类问题是否普遍存在。

检查完毕，向委托方书面提交发现问题汇总及整改建议。

一、按设备分类检查

现场检查中，防爆电动机类设备、防爆灯具类设备、防爆检修箱和防爆接线箱类设备、防爆动力配电箱和防爆照明配电箱类设备、防爆仪表类设备等防爆设备的检测检查内容见表6-1。危险场所电气线路检测检查内容见表6-2。接地及接地电阻检测检查内容见表6-3。

表6-1 各类防爆设备检测检查内容

序号	检查对象	检查内容
1	防爆电动机类设备	设备铭牌、防爆合格证检查
2		电气连接与安装结构检查
3		隔爆面养护情况检查
4		紧固件、防护措施检查
5		保护接地检查及接地电阻测定
6		电动机风扇与风扇罩之间的距离

第六章 海洋石油平台防爆电气设备安全检查

表 6-1（续）

序号	检查对象	检查内容
7	防爆灯具类设备	设备铭牌、防爆合格证检查
8		电气连接与安装结构检查
9		隔爆面养护情况检查
10		紧固件、防护措施检查
11		透明件检查
12		保护接地检查及接地电阻测定
13	防爆检修箱和防爆接线箱类设备	设备铭牌、防爆合格证检查
14		电气连接与安装结构检查
15		防爆结构检查
16		隔爆面养护情况检查
17		紧固件、防护措施检查
18		密封件检查
19		保护接地检查及接地电阻测定
20	防爆动力配电箱和防爆照明配电箱类设备	设备铭牌、防爆合格证检查
21		电气连接与安装结构检查
22		防爆结构检查
23		隔爆面养护情况检查
24		紧固件、防护措施检查
25		密封件检查
26		保护接地检查及接地电阻测定
27	防爆仪表类设备	设备铭牌、防爆合格证检查
28		电气连接与安装结构检查
29		防爆结构检查
30		关联设备检查
31		隔爆面养护情况检查
32		紧固件、防护措施检查
33		密封件检查
34		保护接地检查及接地电阻测定

表6-2 危险场所电气线路检测检查内容

序号	检查对象	检查内容
1	一般规定	线路敷设方式、路径要求
2		对可能受热、振动、腐蚀等处的防护
3		电缆、导线额定电压要求
4		接线盒、分线盒等连接件的选型
5		电线、电缆的连接方式要求
6		铜、铝线芯最小截面要求
7	电缆线路	电缆连接和分路要求
8		电缆穿越不同区域时的隔离密封措施
9		电气设备、接线盒进线口密封要求
10		挠性连接及挠性连接管要求
11		室外和易进水的地方对管口的封堵
12	钢管配线	钢管与钢管、电气设备、钢管附件的连接
13		防爆活接头的连接
14		密封件的安装
15		隔离密封的制作
16		
17		防爆挠性连接管的安装
18		电气设备、接线盒等上面多余孔的封堵
19	本质安全电路	导线、钢管、电缆型号、规格、配线走向、与关联设备连接等要求
20		关联电路的要求
21	其他	电气线路连接检查
22		电气线路配件的选型与安装检查
23		隔爆型配件检查
24		增安型配件检查
25		紧固件、防护措施检查
26		保护接地检查及接地电阻测定

第六章 海洋石油平台防爆电气设备安全检查

表6-3 接地及接地电阻检测检查内容

序号	检查对象	检查内容
1	保护接地	爆炸性危险环境所有非带电裸露金属均应接地或接零
2		爆炸性危险环境内所有电气设备须专门接地
3		接地干线与接地本体的连接
4		接地干线穿越不同环境区域时的保护和密封要求
5		专用接地线与接地干线应单独连接,工作零线不得作为保护接地线
6		专设接地线的线径
7		铠装电缆引入电气设备时的接地连接
8		接地螺栓防松及其他要求
9	防静电接地	防静电接地线应分别与接地体或接地干线连接,不得串接
10		连接螺栓尺寸、防松及防腐要求
11	接地电阻	接地系统的接地电阻检测

二、按防爆型式检查

1. 隔爆型电气设备

1）隔爆型电气设备检查

隔爆型电气设备检查项目和检查等级见表6-4。

表6-4 隔爆型电气设备检查项目和检查等级

序号	检查项目	检查等级		
		D	C	V
1	电气设备适合于危险场所类别,符合批准的设计要求	√	√	√
2	电气设备的铭牌标识清楚,有防爆标志、防爆合格证号	√	√	√
3	不存在未经批准的修改	√		

表6-4（续）

序号	检查项目	检查等级 D	检查等级 C	检查等级 V
4	电气设备结构不存在可见的未经批准的修改		√	√
5	电气设备的外壳应无裂缝、损伤	√	√	√
6	电气设备所有的紧固件应完整，防松设施齐全，弹簧垫圈压平	√	√	√
7	电气设备隔爆间隙尺寸在允许的最大尺寸范围内	√	√	
8	隔爆面清洁，无损伤及锈蚀	√		
9	电气设备的运动部件应无碰撞和摩擦	√		√
10	透明件无损伤，透明件与金属密封垫符合要求	√	√	
11	电缆引入装置和堵板的类型正确，并且完整、紧固	√	√	√
12	电动机风扇与外壳和/或外罩之间有足够的间距	√		
13	电气设备外壳表面温度不应超过本设备防爆标志的温度组别	√	√	
14	接线紧固后，裸露带电部分之间与金属外壳之间的电气间隙和爬电距离应符合要求	√		
15	呼吸和排水装置合格	√	√	

注：D—详细检查；C——般检查；V—目视检查。

2）对隔爆型电气设备的补充要求

（1）安装设备时，应注意防止隔爆接合面与固体障碍物之间的距离小于表6-5规定的数值，试验证明隔离距离可以更小的情况除外。

表6-5　按照气体/蒸气分组的隔爆外壳接合面与障碍物间最小距离

气体分类	最小距离/mm
IIA	10
IIB	30
IIC	40

(2) 隔爆型电气设备隔爆面应有防锈措施。

注：可使用非凝结性润滑脂或防腐剂保护接合面。通常使用硅润滑脂比较合适，但在气体检测器上应慎用。特别应强调在选择材料时要保证其非凝固性，否则会影响接合面间的紧密性。

(3) 隔爆接合面的紧固螺栓不得任意更换，弹簧垫圈应齐全。

(4) 隔爆型电动机的轴与轴孔、风扇与端罩之间在正常工作状态下，不应产生碰擦。

(5) 电缆和导管引入系统须满足有关的设备标准要求，并保证隔爆外壳的整体防爆性能。电缆引入系统应符合《爆炸性环境 第15部分：电气装置的设计、选型和安装》（GB/T 3836.15—2017）中10.4的要求。导管与隔爆外壳至少啮合五扣满螺纹。

(6) 电气设备的电缆或导线引入口需用钢管连接时，宜用一个过渡压紧元件，先压紧密封圈后才可连接钢管，钢管连接有困难时可增加活接头。

如果外壳专门设计用于导管连接而改用电缆连接，可用一个带有绝缘套管和接线盒的隔爆型转接器，通过导管与外壳连接，导管长度不超过150 mm。电缆再连接到接线盒（例如隔爆型或增安型）中，而且应符合接线盒相应防爆型式的要求。

(7) 由变频和调压电源供电的电动机要求：按照电动机有关标准规定埋入温度传感器，对温度进行直接控制或采用其他有效限制电动机外壳表面温度的措施。保护装置动作应能使电动机断电。电动机和变频器无须一起进行试验。

电动机作为一个工作单元，应和变频器、保护装置一起按照《爆炸性环境 第1部分：设备 通用要求》（GB 3836.1—2010）的有关规定进行型式试验。

2. 增安型电气设备

1) 增安型电气设备检查

增安型电气设备检查项目和检查等级见表6-6。

2) 对增安型电气设备的补充要求

表6-6 增安型电气设备检查项目和检查等级

序号	检查项目	检查等级		
		D	C	V
1	电气设备适合于危险场所类别,符合批准的设计要求	√	√	√
2	电气设备的铭牌标识清楚,有防爆标志、防爆合格证号	√	√	√
3	电气设备的外壳应无裂缝、损伤	√	√	√
4	电气设备所有的紧固件应完整,防松设施齐全,弹簧垫圈压平	√	√	√
5	电气设备结构不存在可见的未经批准的修改		√	√
6	不存在未经批准的修改	√		
7	外表衬垫状态良好,无老化现象	√		
8	电气设备的温度保护装置及附件应齐全、良好	√	√	√
9	电气连接紧固	√		
10	电动机风扇与外壳和/或外罩之间有足够的间距	√		
11	呼吸和排水装置合格	√		
12	电缆引入装置和堵板的类型正确,并且完整、紧固	√	√	√
13	电气设备外壳表面温度不应超过本设备防爆标志的温度组别	√	√	
14	接线紧固后,裸露带电部分之间与金属外壳之间的电气间隙和爬电距离应符合要求	√		

注:D—详细检查;C——般检查;V—目视检查。

(1) 外壳内有裸露带电件的外壳防护等级应不低于IP54,仅含有绝缘带电件的应不低于IP44。安装在干净环境下并且通常有人管理的旋转电动机防护等级不低于IP20。

(2) 引入装置应与电缆相适应,使电缆与增安型电气设备有效连接。应能够保持防爆型式,并与密封元件一起使端子盒外壳防护等级达到IP54。

（3）在接线盒内接线时应保证其规定的电气间隙和爬电距离。如果多根导体连接在一个接线端子上时，应注意保证每根都夹牢。

3. 本安型电气设备

1）本安型电气设备检查

本安型电气设备检查项目和检查等级见表6-7。

表6-7　本安型电气设备检查项目和检查等级

序号	检查项目	检查等级		
		D	C	V
1	电气设备适合于危险场所类别，符合批准的设计要求	√	√	√
2	电气设备的铭牌标识清楚，有防爆标志、防爆合格证号	√	√	√
3	电气设备结构不存在可见的未经批准的修改		√	√
4	不存在未经批准的修改	√		
5	独立供电的本质安全型电气设备的电池型号、规格应符合铭牌规定	√	√	√
6	配套的关联设备的型号、规格必须符合铭牌规定	√	√	√
7	安全栅应可靠接地，其接地电阻符合铭牌规定	√		
8	电气连接牢固	√		
9	印刷电路板清洁无损坏	√		
10	电气设备外壳表面温度不应超过本设备防爆标志的温度组别	√		

注：D—详细检查；C——般检查；V—目视检查。

2）对本安型电气设备的补充要求

（1）安装在1区和2区的本质安全电路、本质安全电气设备和关联设备的本质安全部分应符合《爆炸性环境　第4部分：由本质安全型"i"保护的设备》（GB 3836.4—2010）的规定，至少为"ib"类。

(2) 本质安全电路用电缆的绝缘应能承受导体对地、导体对屏蔽和屏蔽对地至少为交流 500 V 的试验电压。

(3) 对所有使用的电缆应知道电缆的电气参数（CC 和 LC/RC）或接受其制造厂规定的最不利情况下的数值。CC—电缆分布电容；LC—电缆分布电感；RC—电缆分布电阻。

(4) 带本质安全电路的安装应使其本质安全性不受外界电磁场的干扰，例如由附近上方供电线路或单芯电缆大电流的影响。这可以通过屏蔽、绞合电缆或与电磁场保持足够距离来实现。电缆无论在危险区域还是在非危险区域，都应满足以下要求：

①本质安全电路电缆与非本质安全电路电缆隔离。

②本质安全电路电缆在布置时应防止受机械损伤。

③本质安全或非本质安全电路电缆为铠装、金属护套或屏蔽。

④本质安全电路导线与非本质安全电路导线不应为同一电缆。

⑤同一束本质安全电路导线和非本质安全电路导线间绑扎时，应用绝缘层或接地金属进行隔离。

(5) 有本质安全电路导线的电缆应标示出来。如果护套或表层用颜色标志，该颜色应为淡蓝色，该标志的电缆不应用于其他目的。如果本质安全或非本质安全电路电缆已有铠装、金属护套或屏蔽，不需要再做标志。

(6) 在 0 区安装本质安全电路、本质安全电气设备和关联设备应满足《爆炸性环境　第 4 部分：由本质安全型"i"保护的设备》（GB 3836.4—2010）中"ia"类的要求。优先采用本质安全电路与非本质安全电路电流隔离的关联设备。

(7) 本质安全型电气设备的安装应满足《爆炸性环境　第 15 部分：电气装置的设计、选型和安装》（GB/T 3836.15—2017）中 12 的要求。

4. 正压型电气设备

1) 正压型电气设备检查

正压型电气设备检查项目和检查等级见表 6-8。

第六章 海洋石油平台防爆电气设备安全检查

表6-8 正压型电气设备检查项目和检查等级

序号	检查项目	检查等级 D	检查等级 C	检查等级 V
1	电气设备适合于危险场所类别，符合批准的设计要求	√	√	√
2	电气设备的铭牌标识清楚，有防爆标志、防爆合格证号	√	√	√
3	电气设备结构不存在可见的未经批准的修改		√	√
4	不存在未经批准的修改	√		
5	外壳透明件及透明件与金属密封垫和/或黏剂满足要求	√	√	√
6	在运行中进入电气设备及其通风系统内的气体，不得含有爆炸性混合物及其他有害物质	√	√	
7	通风过程排出的气体不宜排入爆炸性危险场所，采取防止火花和炽热颗粒从电气设备吹除的措施后允许排入2区空间	√		
8	电气设备的报警系统、断电系统应可靠动作	√		
9	通风管道应密封良好		√	√
10	预先换气时间合适	√		
11	保护气体基本未受污染	√	√	
12	保护气体压力和/或流量合适	√	√	√

注：D—详细检查；C——般检查；V—目视检查。

2）对正压型电气设备的补充要求

（1）保护气体进入管道的位置应设在非危险区，罐装保护气体除外。

（2）保护气体管道出口应设在非危险区，否则应考虑安装能阻止火花和颗粒的装置（该装置用于防止具有点燃能力的火花和颗粒吹出），见表6-9。

（3）在冲洗时管道的出口可能存在一个小的危险区。

供压设备，如风机和压缩机保护气体入口，应安装在非危险区。

如果驱动电动机和其控制装置在供气管道内,或不可避免装在危险区域内,这些供压设备应有相应的防爆措施。

表6-9 阻止火花和颗粒装置

管道出口区域	设备	
	A	B
2区	要求	不要求
1区	要求*	要求*

注：A——正常运行条件下产生具有点燃能力火花的设备。
　　B——正常运行条件下不产生具有点燃能力火花的设备。
　　*如果在正压出现故障时设备的温度有点燃危险,正压外壳内应安装保护装置防止可燃性气体很快进入正压外壳内。

(4) 没有内部释放源设备的安装,在出现保护气体故障时,应满足表6-10的要求。有内部释放源的设备安装应按照制造厂说明书进行,万一出现保护气体故障,应触发警报并采取纠正措施保证系统安全。

表6-10 在出现保护气体故障时对无内部释放源设备采取的措施

区域划分	外壳内安装有无正压时不适应2区的设备	外壳内安装有无正压时适应2区的设备
2区	报警	不采取措施
1区	报警并断电	报警

注：1. 如果报警,立即采取措施恢复整个系统供气。
　　2. 如果自动断电会引起更大的危险,应采取其他措施,例如加倍供应保护气。

(5) 有内部释放源的设备安装应按照制造厂说明书进行,万一出现保护气体故障,应触发警报并采取纠正措施保证系统安全。

第六章 海洋石油平台防爆电气设备安全检查

5. 油浸型电气设备

1) 油浸型电气设备检查

油浸型电气设备检查项目和检查等级见表 6-11。

表 6-11 油浸型电气设备检查项目和检查等级

序号	检查项目	检查等级		
		D	C	V
1	电气设备适合于危险场所类别,符合批准的设计要求	√	√	√
2	电气设备的铭牌标识清楚,有防爆标志、防爆合格证号	√	√	√
3	电气设备结构不存在可见的未经批准的修改		√	√
4	不存在未经批准的修改	√		
5	电气设备油箱、油标无裂缝及漏油	√	√	√
6	油面在油标范围内	√	√	√
7	排油孔、排气孔畅通	√	√	√
8	安装倾斜度不大于 5°	√	√	

注:D—详细检查;C——般检查;V—目视检查。

2) 对油浸型电气设备的补充要求

(1) 油浸型电气设备的油箱、油标应无裂纹及渗油漏油,油面应在油标线范围内。

(2) 油浸型电气设备的排油孔、排气孔应通畅,不得有杂物。

(3) 油浸型电气设备的安装应垂直,其倾斜度不应大于 5°。

(4) 油浸型电气设备温度组别为 T1~T5 的油面最高温升为 60 ℃,温度组别为 T6 的油面最高温升为 40 ℃。

6. 浇封型、充砂型电气设备

浇封型、充砂型电气设备检查项目和检查等级见表 6-12。

表6-12 浇封型、充砂型电气设备检查项目和检查等级

序号	检查项目	检查等级		
		D	C	V
1	电气设备适合于危险场所类别,符合批准的设计要求	√	√	√
2	电气设备的铭牌标识清楚,有防爆标志、防爆合格证号	√	√	√
3	电气设备结构不存在可见的未经批准的修改		√	√
4	不存在未经批准的修改	√		
5	结构符合要求	√		

注:D—详细检查;C——般检查;V—目视检查。

三、防爆电气设备安装检查

1. 防爆电气设备安装施工检查项目和检查等级

防爆电气设备安装施工检查项目和检查等级见表6-13。

表6-13 防爆电气设备安装施工检查项目和检查等级

序号	检查项目	检查等级		
		D	C	V
1	电气线路应敷设在爆炸危险性较小的区域或距离释放较远的位置,避开易受机械损伤、振动、腐蚀、粉尘积聚的场所	√	√	√
2	利用的低压电缆或绝缘导线,其额定电压必须高于线路工作电压,且不得低于500 V	√		
3	导线或电缆截面应符合规定		√	
4	电缆无明显损坏	√	√	√
5	架空线与爆炸性气体环境水平距离,不应小于杆塔高度的1.5倍		√	√
6	导线或电缆的连接应采用防爆接线盒或分线盒		√	

第六章 海洋石油平台防爆电气设备安全检查

表 6-13（续）

序号	检查项目		检查等级	
		D	C	V
7	电气线路在爆炸性危险场所不应有中间接头。特殊情况下，线路须设中间接头时，必须在相应的防爆接线盒或分线盒内连接和分路	√	√	√
8	电缆或导线配线，必须采用相应的密封圈，电缆外护套外径与密封圈内径的配合应符合要求，导线与密封圈的配合误差应符合要求	√	√	√
9	密封圈不应有老化现象	√	√	√
10	密封圈和压紧元件之间应有一个金属垫圈	√	√	√
11	压紧元件须符合要求，并应保证使密封圈压紧电缆或导线	√	√	√
12	电气设备多余的电缆引入口在密封圈的外侧应设钢质堵板，其厚度不应小于2 mm，钢质堵板应经压紧元件压紧	√	√	√
13	电缆配线或钢管配线引入防爆电动机需挠性连接时，可采用挠性连接管。挠性连接管仅是钢管的一部分，起机械保护作用	√	√	√
14	电气设备的电缆或导线引入口需用钢管连接，必须用一个过渡压紧元件先压紧密封圈，才可连接钢管，钢管连接有困难时可增加活接头	√	√	√
15	对于粉尘性环境的电缆布线，应采取措施避免形成粉尘层，否则应考虑减少电缆的载流量	√	√	√
16	电缆穿过不同区域隔离措施	两区交接电缆沟内应采取充砂、填阻火堵料或加防火隔墙等措施	√	√	√
		电缆通过与相邻区域共有的隔墙、楼板、地坪及易受机械损伤处，均应加以保护；留下的孔洞应严密堵塞	√	√	√
		电缆在区域界面（隔墙、楼板、地坪）有保护管的，须在保护管两端用阻火堵料严密堵塞，填塞深度不得小于管子内径，且不得小于40 mm	√		

表 6–13（续）

序号	检查项目		检查等级		
			D	C	V
17	钢管配线要求	绝缘导线必须敷设于镀锌焊接钢管	√	√	√
		钢管之间、钢管与设备之间须用螺纹连接；1 区和 2 区螺纹有效啮合扣数不小于 5 扣，且应有锁紧螺母；爆炸性粉尘环境 21 区和 22 区螺纹有效啮合扣数不小于 5 扣	√		
		电气管路之间不得采用倒扣连接	√	√	√
		钢管通过与其他任何场所相邻的隔墙时，应在隔墙的任何一侧装设横向式隔离密封件	√	√	√
		钢管通过楼板或地坪引入其他场所时，均应在楼板或地坪的上方装设纵向式隔离密封件	√	√	√
		钢管管径大于 50 mm 及以上的，在距引入的接线箱 450 mm 以内及每距 15 mm 处，应装设隔离密封件	√	√	√
		易积聚冷凝水的管路，应在其垂直段的下方装设排水式隔离密封盒，排水口应布置在下方	√	√	√
		导线在隔离密封盒内不得有接头	√		
		钢管通过墙、楼板、地坪时隔离密封盒与墙面、楼板、地坪的距离不应超过 300 mm，并应将孔洞严密堵塞	√	√	√
		隔离密封盒内必须填符合标准要求的填料	√		
		钢管连接螺纹加工应光滑、完整、无锈蚀，螺纹上应涂电力复合脂或导电性防锈脂。不得在螺纹上缠麻或绝缘胶带及涂其他油漆	√		
18	本安型电气设备连线	本质安全电路与关联电路不得共用同一根电缆或钢管；本质安全电路严禁与其他电路共用同一根电缆或钢管	√	√	√
		两个及以上的本质安全电路，除电缆线芯分别屏蔽或采用屏蔽导线外，不应共用同一根电缆或钢管	√	√	√

第六章　海洋石油平台防爆电气设备安全检查

表 6-13（续）

序号	检查项目		检查等级		
			D	C	V
18	本安型电气设备连线	控制盘内本质安全电路与关联电路或其他电路的端子之间的间距，不应小于 50 mm，当间距不符合时，应采用高于端子的绝缘隔板隔离；端子排应采用绝缘的防护罩；本质安全电路、并联电路、其他电路的盘内配线应分开束扎、固定，分离距离不应小于 50 mm	√		
		本质安全电路配线用电缆和导线套管均应用蓝色标志	√	√	√
		本质安全电路除特殊规定外，不应接地，电缆屏蔽层应在非爆炸区一点接地	√	√	√
		本安电路、关联电路采用非铠装和无屏蔽层的电缆时，应采用镀锌钢管保护	√	√	√
19	爆炸性危险场所的接地	电气设备的金属外壳、金属构架、金属配线管及其配件、电缆保护管、电缆的金属护套等非带电的裸露金属部分，均应接地	√	√	√
		爆炸性危险场所除 2 区内照明灯具以外所有的电气设备，应采用专用接地线；宜采用多股软绞线，其铜芯截面积不得小于 4 mm²。金属管线、电缆的金属外壳等，应作为辅助接地线	√	√	√
		不能用输送易燃物质的金属管道作为接地线	√	√	√
		爆炸性危险场所接地干线与接地体不得小于 2 处，接地干线通过与其他环境共用的隔离墙时，应用钢管保护	√	√	
		电气设备及灯具专用接地或接零保护线应单独与接地干线网相连，工作零线不得作为保护接地用	√	√	
		铠装电缆引入电气设备时，其接地芯线应与设备内接地螺栓连接，其钢带或金属护套应与设备接地螺栓连接	√		
		电气线路应敷设在爆炸危险性较小的区域或距离释放源较远的位置，应避开易受机械损伤、振动、腐蚀、粉尘积聚的场所	√	√	√

表 6-13（续）

序号	检查项目		检查等级		
			D	C	V
19	爆炸性危险场所的接地	设备、机组、储罐、管道等的防静电接地线，应单独与接地体或接地干线相连，除并列管道外不互相串联接地	√	√	√
		防静电接地线的安装，应与设备、机组、储罐等固定接地端子或螺栓连接，螺栓不应小于 M10，并有防松装置和涂以电力复合脂。当采用焊接连接时，不得降低和损伤管道强度		√	√

注：D—详细检查；C—一般检查；V—目视检查。

2. 对防爆电气设备的安装补充要求

（1）防爆电气设备的类型、级别、组别、环境条件以及特殊标志等，应符合设计规定。

（2）防爆电气设备的铭牌、防爆标志、警告牌应正确、清晰。

（3）防爆电气设备的外壳和透光部分应无裂纹、损伤。

（4）防爆电气设备的紧固螺栓应有防松措施，无松动和锈蚀。

（5）防爆电气设备宜安装在金属制作的支架上，支架应牢固，有振动的电气设备的固定螺栓应有防松装置。

（6）防爆电气设备接线盒内部接线紧固后，裸露带电部分之间及金属外壳之间的电气间隙和爬电距离应满足要求。

（7）电气设备多余的电缆引入口应用适合于相关防爆型式的堵塞元件封堵。除本质安全设备外，堵塞元件应使用专用工具才能拆卸。

（8）电气设备的电缆和导管连接应符合有关防爆型式的要求。

（9）密封圈和压紧元件之间应有一个金属垫圈，压紧元件应满足设备说明书的要求，并应保证使密封圈压紧电缆或导线。

（10）电缆外护套外径与密封圈内径的配合应适宜并满足设备说明书的要求，密封圈不应有老化现象。

（11）灯具安装应符合下列要求：灯具种类、型号和功率应符合设计和设备技术条件的要求；螺旋式灯泡应旋紧，接触良好，不得松动；灯具外罩应齐全，螺栓应紧固。

（12）防爆合格证书编号后缀有"U"符号的设备与其他电气设备或系统一起使用时，应先进行附加认证方可安装使用。

（13）电气设备防爆合格证书编号带有后缀"X"符号时，应注意其安全使用的特定条件。

3. 防爆电气设备的检修要求

维护时发现防爆电气设备因外力损伤、大气腐蚀、化学腐蚀、机械磨损、自然老化等原因导致防爆性能下降或失效时，应予检修。防爆电气设备的检修应按照《爆炸性环境 第13部分：设备的修理、检修、修复和改造》（GB 3836.13—2013）进行。经过检修不能恢复原有等级的，其防爆性能可根据实际技术性能按以下原则处理：

（1）降低防爆等级使用。

（2）降为非防爆电气设备使用。

第七章 典型问题分析

第一节 问题汇总

经过多次对中海油生产设施爆炸性危险区域内安装的防爆电气设备（涉及防爆电机类设备、防爆灯具类设备、防爆检修箱和防爆接线箱类设备、防爆动力配电箱和防爆照明配电箱类设备、防爆仪表类设备的选型、安装、使用维护状况及隐患）进行安全检查，分析历次检查过程发现存在共性问题12项。其中防爆电气设备管理方面问题4项，防爆电气设备现场检查共性问题8项。

一、管理方面的问题

（1）平台相关技术人员对防爆技术及相关标准知识掌握程度深浅不一，相关人员参加防爆电气作业及防爆专业知识、标准培训偏少。

（2）现场防爆电气产品防爆合格证复印件、生产许可证复印件、使用说明书、产品合格证不全。

（3）未定期开展危险场所防爆设备现状自查活动，不能及时发现问题，排除隐患。

（4）未完善防爆电气设备采购、安装、验收的管理制度。

二、现场问题汇总

1. 防爆电气设备铭牌存在的问题

（1）无铭牌（图7-1）。

图7-1 现场防爆电气设备无铭牌

(2) 铭牌信息不清晰(图7-2)。

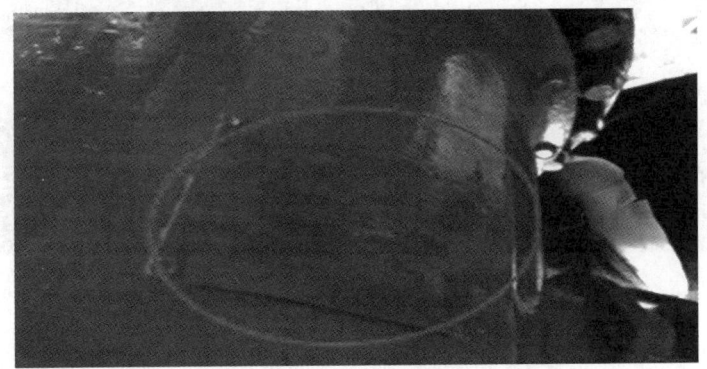

图7-2 现场防爆电气设备铭牌信息不清晰

(3) 铭牌无防爆信息(图7-3)。

图7-3 铭牌无防爆信息

(4)铭牌防爆合格证过期(生产日期不在合格证有效期内)(图7-4)。

图7-4 铭牌防爆合格证过期

(5)接线箱为增安型结构,但铭牌上防爆标志为 Exd Ⅱ BT6 属于隔爆型结构(图7-5)。

图7-5 接线箱为增安型结构,但铭牌上防爆标志为
Exd Ⅱ BT6 属于隔爆型结构

第七章 典型问题分析

（6）接线箱铭牌防爆标志为 ExdⅡCT4，但接线箱不符合ⅡC结构要求（图7-6）。

图7-6 接线箱铭牌防爆标志为 ExdⅡCT4，但接线箱不符合ⅡC结构要求

（7）该设备铭牌上标注的防爆结构为隔爆型，但设备实际的防爆结构为复合型（隔爆型＋增安型），设备的防爆结构与防爆标志不符（图7-7）。

图7-7 设备铭牌上标注的防爆结构为隔爆型，但设备实际的
防爆结构为复合型（隔爆型＋增安型）

2. 防爆电气设备选型问题

（1）电池间产生氢气，属于ⅡC防爆等级介质，但防爆电气设

69

备实际选用ⅡB级设备，不符合选型要求，如图7-8所示。

图7-8 电池间产生氢气，属于ⅡC防爆等级介质，但防爆电气设备实际选用ⅡB级设备

（2）危险区域选用普通电气设备（图7-9）。

图7-9 危险区域选用普通电气设备

第七章 典型问题分析

(3) 危险区域选用矿用防爆电气产品（图 7-10）。

图 7-10　危险区域选用矿用防爆电气产品

(4) 在爆炸性气体环境中使用粉尘环境电气设备（图 7-11）。

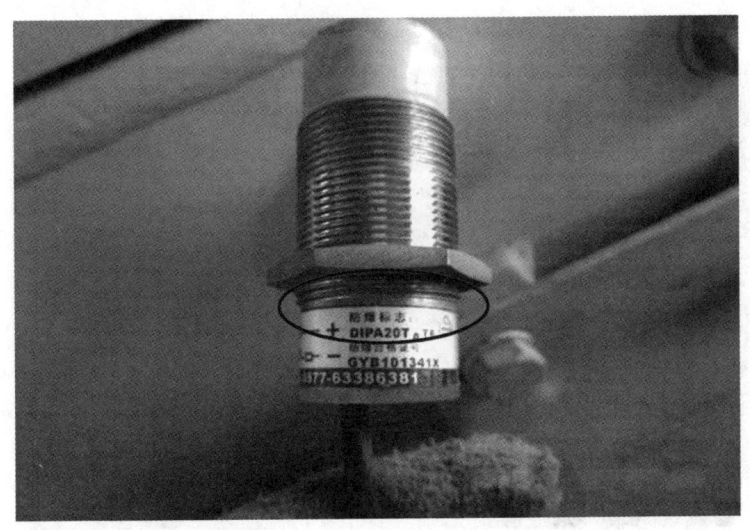

图 7-11　在爆炸性气体环境中使用粉尘环境电气设备

3. 防爆电气设备接地问题

（1）设备外壳未接地（图7-12）。

图7-12 设备外壳未接地

（2）多个防爆电气设备串联接地（图7-13）。

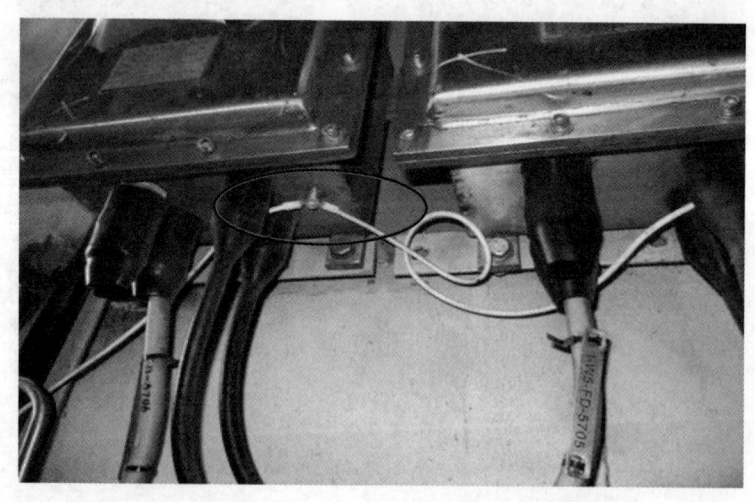

图7-13 多个防爆电气设备串联接地

第七章 典型问题分析

(3) 防爆电气设备外壳接地线接到隔爆面紧固件上（图7-14）。

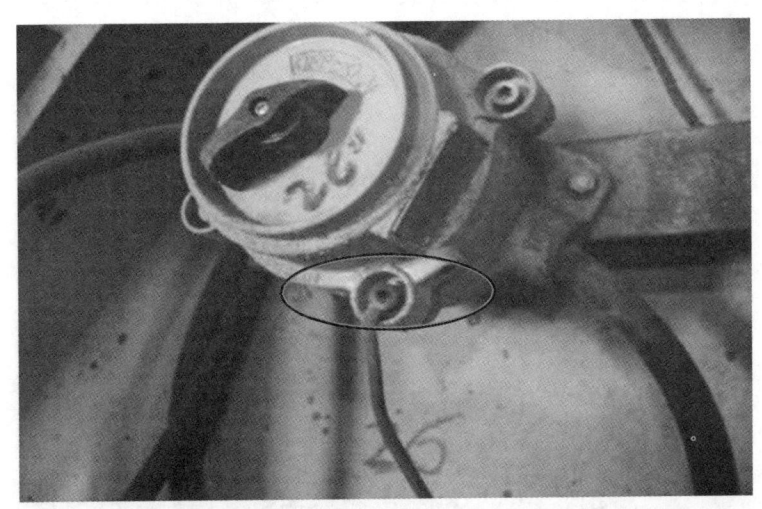

图7-14 防爆电气设备外壳接地线接到隔爆面紧固件上

(4) 金属电缆桥架搭接处未安装等电位跨接线（图7-15）。

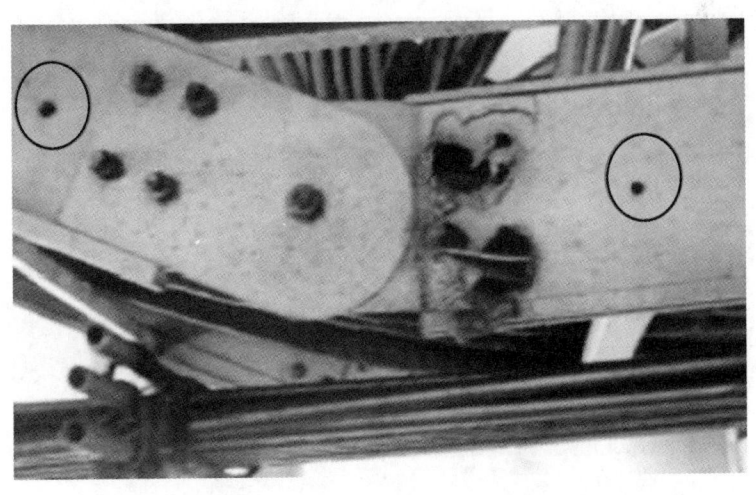

图7-15 金属电缆桥架搭接处未安装等电位跨接线

4. 防爆电气设备维护保养问题

（1）由于海上天气气候原因，海洋石油设施防爆区域内多数设备普遍存在自以为是为了提高防护等级，在隔爆面涂胶或加装帆布，但结果却破坏了防爆性能的现象，如图 7-16 所示。

图 7-16　在隔爆面涂胶或加装帆布，破坏了防爆性能

（2）外壳损坏（图 7-17）。

图 7-17　外壳损坏

(3)外壳严重锈蚀老化(图7-18)。

图7-18 外壳严重锈蚀老化

(4)对防爆电气设备结构进行更改,如私自在接线箱上打孔,如图7-19所示。

图7-19 对防爆电气设备结构进行更改,如私自在接线箱上打孔

(5) 未用电缆线未去除（图7-20）。

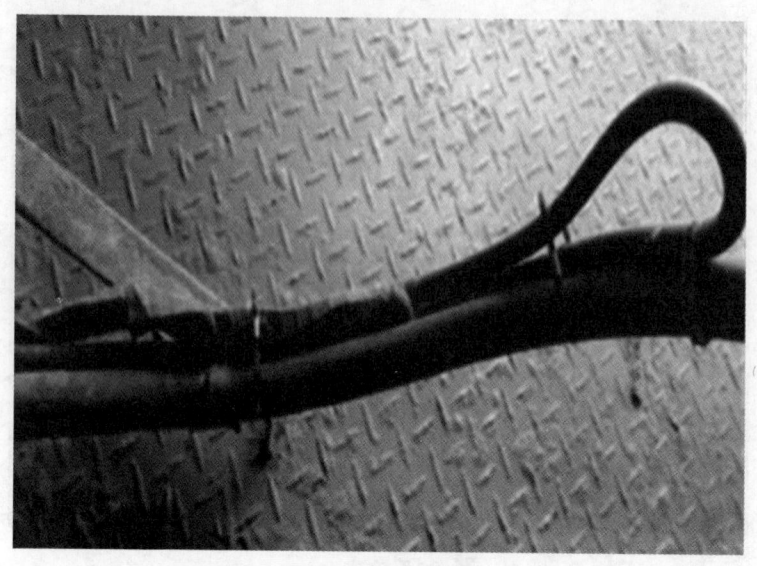

图7-20 未用电缆线未去除

(6) 增安型电气设备内加装打火元件（图7-21）。

图7-21 增安型电气设备内加装打火元件

5. 防爆电气设备紧固件问题

（1）紧固螺栓缺失、锈蚀，缺少弹簧垫、平垫（图7–22）。

图7–22　紧固螺栓缺失、锈蚀，缺少弹簧垫、平垫

（2）外壳使用螺钉进行紧固（图7–23）。

图7–23　外壳使用螺钉进行紧固

6. 防爆电气设备质量问题

(1) 隔爆面间隙过大(超差)(图7-24)。

图7-24　隔爆面间隙过大(超差)

(2) 防爆电气设备结构不符合标准要求(图7-25)。

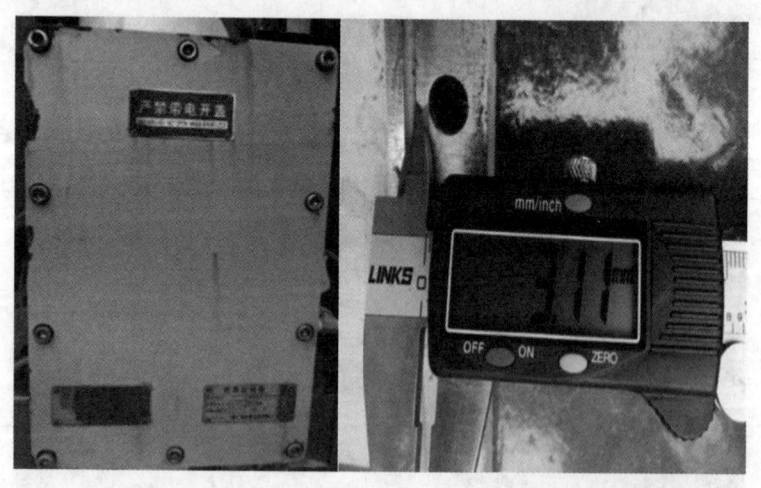

图7-25　防爆电气设备结构不符合标准要求

(3) 透明件使用硅胶进行粘连（图 7 – 26）。

图 7 – 26　透明件使用硅胶进行粘连

(4) 防爆电气设备无防护措施，如无密封圈（图 7 – 27）。

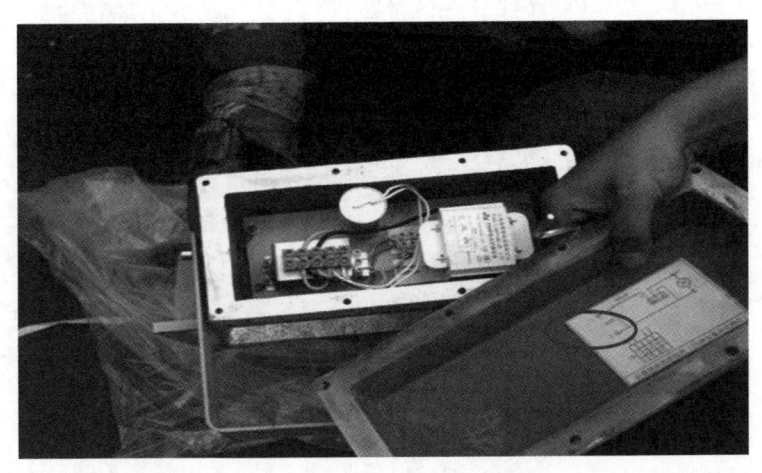

图 7 – 27　防爆电气设备无防护措施，如无密封圈

7. 防爆电动机风扇罩问题

(1) 电动机风扇罩挡板损坏（图 7 – 28）。

图7-28　电动机风扇罩挡板损坏

（2）立式电动机风扇罩无防护挡板（图7-29）。

图7-29　立式电动机风扇罩无防护挡板

8. 防爆电气设备电缆引入问题

（1）隔爆型防爆电气设备电缆引入孔使用非金属材料压紧螺母（图7-30）。

第七章　典型问题分析

图 7-30　隔爆型防爆电气设备电缆引入孔使用非金属材料压紧螺母

（2）冗余电缆引入口未进行封堵（图 7-31）。

图 7-31　冗余电缆引入口未进行封堵

（3）两根电缆通过同一个电缆引入孔引入防爆电气设备内（图 7-32）。

图7-32 两根电缆通过同一个电缆引入孔引入防爆电气设备内

（4）电缆未通过填料函或压盘直接引入防爆电气设备内（图7-33）。

图7-33 电缆未通过填料函或压盘直接引入防爆电气设备内

(5) 过线孔未进行封堵(图7-34)。

图7-34 过线孔未进行封堵

第二节 整改建议和方法

一、整改建议

针对上述问题，结合国家相关标准，对防爆电气设备的选型、设备质量、安装和日常维护与管理（失爆标准）等各环节存在的问题进行分析，提出如下几点建议：

(1) 配置防爆安全方面现行相关国家法规、标准和规范，了解具体要求和规定。

(2) 建立健全各项防爆电气设备管理制度，如防爆电气设备采购、验收、安装、日常使用、维护、降级使用等管理制度。

(3) 对防爆电气作业人员和管理人员进行必要的、系统的专业基础知识培训，并取得相应的资质证书。组织各项目公司相关人员参加防爆电气技术知识的培训与考核，使其熟悉并掌握防爆电气设备安装及维护的技术要求。

（4）由专业人员对危险场所的防爆电气设备定期进行安全检查评估工作，及时发现问题排除隐患。

（5）针对防爆电气设备存在的安全隐患，尽快制订整改计划，并组织落实。在防爆安全性能严重失效的防爆电气设备没有得到彻底整改之前，一定要严格监控危险场所生产装置的工作运行状态，坚决杜绝因可燃性气体泄漏与空气混合后形成达到爆炸极限的环境。

（6）在建工程项目应加强对防爆电气设备的各项管理工作，在工程完工时对危险场所防爆电气设备进行整体防爆验收。

二、整改方法

（1）问题：普通电气设备用于爆炸性危险场所。

建议：将设备移至安全区或参照《危险场所电气防爆安全规范》（AQ 3009—2007）第 5 条相关规定进行选型并立即更换。

（2）问题：选型错误。

建议：参照《危险场所电气防爆安全规范》（AQ 3009—2007）第 5 条相关规定进行选型并立即更换。

（3）问题：隔爆面锈蚀。

建议：应按照《爆炸性环境　第 13 部分：设备的修理、检修、修复和改造》（GB 3836.13—2013）的相关规定进行检修。检修后应进行检验，检验合格后方可使用，经过检修不能恢复原有等级的防爆性能时，可降低防爆等级或降为非防爆电气设备使用。

（4）问题：外壳破损。

建议：参照《危险场所电气防爆安全规范》（AQ 3009—2007）第 5 条相关规定进行选型并立即更换。

（5）问题：隔爆间隙超差。

建议：应按照《爆炸性环境　第 13 部分：设备的修理、检修、修复和改造》（GB 3836.13—2013）的相关规定进行检修。检修后应进行检验，检验合格后方可使用，经过检修不能恢复原有等级的防爆性能时，可降低防爆等级或降为非防爆电气设备使用。

（6）问题：铭牌问题。

建议：核实设备档案或向制造商确认该设备是否为防爆设备。如果是，索要防爆合格证复印件及内容完整的铭牌，并向发证机构查询核实真伪；如果不是，参照《危险场所电气防爆安全规范》（AQ 3009—2007）第5条相关规定进行选型并立即更换。

（7）问题：紧固件问题。

建议：补齐相同规格的紧固件（应包含弹垫、平垫、螺栓/螺钉）并旋紧。

（8）问题：接地问题。

建议：设备安装时，进行正确的接地连接，除塑料外壳设备外，电气设备均有内外接地连接件，内接地连接件与电气线路的PE线进行可靠连接，外接地连接件与装置的接地体进行可靠连接，接地连接件应有防松、防腐措施。

（9）问题：引入孔问题。

建议：电缆配线时，应注意密封圈、垫圈与对应的电缆是否匹配，并充分被压紧螺母压紧，将塑料质压紧螺母更换成金属质压紧螺母；同时一个引入孔内只允许有一根电缆引入，不能将多根电缆同时从一个引入孔内引入。钢管配线时，应先用过渡压紧元件压紧密封圈，再连接钢管；钢管直接与设备引入孔连接时，必须在设备与钢管连接前450 mm内加装隔离密封盒。隔离密封盒内部填料，须采用水硬性无机粉末填料。设备未使用的引入孔，应配置取得有效防爆合格证的封堵件。当使用填料函式引入装置时，需注意填料函内必须填料。

（10）问题：立式电动机无防护罩。

建议：加装防止异物垂直落入立式安装电动机通风口内的挡板。

第八章　事故案例与问题判断

第一节　事故案例

一、案例一

某化工企业控制室可燃性气体泄漏发生燃爆，造成一人死亡。

某日 16：00，脱碳岗位开始充压，脱碳岗位人员开循环泵打循环。约 19：25，合成车间氨平衡工张某到脱碳操作室看氨压，刚进入操作室，就听到室内 CO 检测报警仪发出报警声，看到分析化验工刘某在室内，于是提醒其立即离开操作室。分析化验工刘某当时去控制室查看在线分析仪的读数。张某提醒完刘某后立即离开操作室，向北行走约 20 m 时，操作室发生燃爆后倒塌，分析化验工刘某被埋在废墟中，爆炸造成控制室坍塌和人员死亡严重事故。

分析：事故车间除尘系统较长时间未按规定清理，铝粉尘积聚。除尘系统风机开启后，打磨过程产生的高温颗粒在集尘桶上方形成粉尘云。1 号除尘器集尘桶锈蚀破损，桶内铝粉受潮，发生氧化放热反应，达到粉尘云的引燃温度后，引发除尘系统及车间的系列爆炸。当时事故车间电气设施均不防爆，电缆、电线敷设方式违规，电气设备的金属外壳未作可靠接地。

二、案例二

某输油管道原油泄漏并发生爆炸，造成 62 人死亡、136 人受伤，直接经济损失 7.5 亿元。

第八章 事故案例与问题判断

某日3:00,某输油管线破裂,事故发现后,约3:15关闭输油,街道某处约1000 m² 路面被原油污染,部分原油沿雨水管线进入胶州湾。黄岛区立即组织在海面布设两道围油栏。处置过程中,当日10:30,某路交汇处发生爆燃,同时入海口被油污染海面上发生爆燃。

分析:泄漏原油挥发的油气与排水暗渠空间内的空气形成易燃易爆的混合气体,并在相对密闭的排水暗渠内积聚。现场处置人员动用非防爆的液压破碎锤在暗渠盖板上打孔,产生撞击火花,引发暗渠内油气爆炸。抢修现场未进行可燃气体检测,盲目动用非防爆设备进行作业,严重违规违章。

三、案例三

某有限公司汽车轮毂抛光车间在生产过程中发生爆炸,造成146人死亡,114人受伤。

某日7:00,事故车间员工上班。7:10,除尘风机开启,员工开始作业。7:34,1号除尘器发生爆炸。爆炸冲击波沿除尘管道向车间传播,引发除尘系统内和车间聚集的铝粉尘发生系列爆炸。

分析:该公司安全生产和应急管理规章制度不健全、不规范,盲目组织生产,未建立岗位安全操作规程,现有的规章制度未落实到车间、班组;未建立隐患排查治理制度,无隐患排查治理台账。违法违规组织项目建设和生产,造成事故发生。当时车间内所有电气设备没有按防爆要求配置。

第二节 问 题 判 断

(1)根据下面的信息找出防爆电气设备哪里不合格(图8-1)。
安装位置:采油树旁;
设备名称:防爆自动控制箱;
型号规格:XTBXK-C;
防爆标志:Exd Ⅱ BT6;

防护等级：IP56；

防爆合格证编号：CNEx09.0816；

箱体体积 V：>2000 m³；

隔爆接合面最小宽度 L：31 mm。

图 8-1　防爆自动控制箱外观及隔爆接合面间隙情况

参考答案：根据ⅡB类外壳隔爆面最小宽度和最大间隙的关系可知，箱体隔爆接合面间隙应不大于 0.20 mm，但实际隔爆接合面间隙过大，实测值为 0.30 mm。

（2）根据下面的信息找出防爆电气设备哪里不合格（图 8-2、图 8-3）。

安装位置：电池间；

设备名称：防爆接线盒；

型号规格：BAH 系列；

防爆标志：ExdⅡBT6；

防护等级：IP66；

防爆合格证编号：CE091393。

参考答案：该隔爆型防爆接线盒隔爆接合面加有橡胶密封胶，不符合隔爆型标准要求。

第八章　事故案例与问题判断

图8-2　防爆接线盒内部情况

图8-3　防爆接线盒盖的情况

(3) 根据下面的信息找出防爆电气设备哪里不合格（图8-4、图8-5、图8-6）。

设备名称：防爆接线盒；

型号规格：AH－G1/2；

防爆标志：ExdⅡCT6 Gb；

防爆合格证编号：8120423。

图8－4　防爆接线盒外观情况

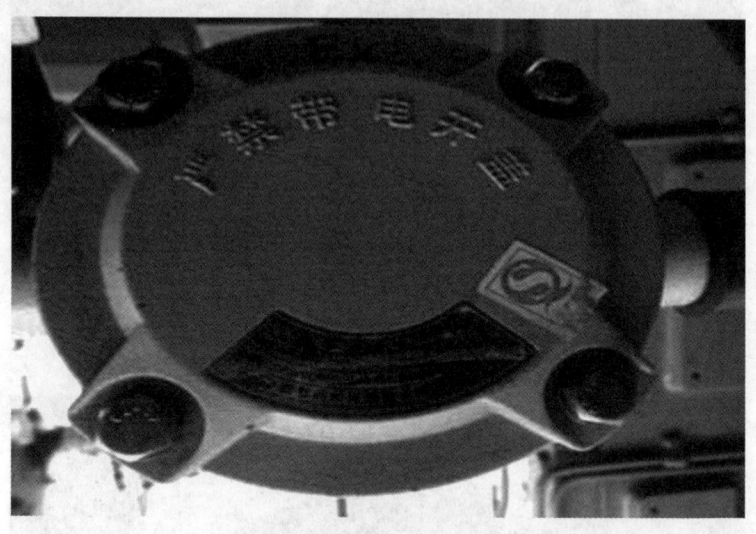

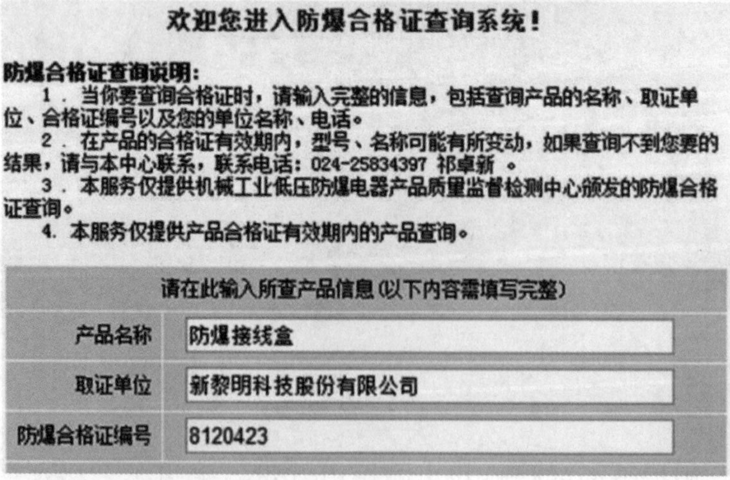

欢迎您进入防爆合格证查询系统！

防爆合格证查询说明：

1．当你要查询合格证时，请输入完整的信息，包括查询产品的名称、取证单位、合格证编号以及您的单位名称、电话。

2．在产品的合格证有效期内，型号、名称可能有所变动，如果查询不到您要的结果，请与本中心联系，联系电话：024-25834397 祁卓新 。

3．本服务仅提供机械工业低压防爆电器产品质量监督检测中心颁发的防爆合格证查询。

4. 本服务仅提供产品合格证有效期内的产品查询。

请在此输入所查产品信息(以下内容需填写完整)	
产品名称	防爆接线盒
取证单位	新黎明科技股份有限公司
防爆合格证编号	8120423

图8－5　在系统中输入产品信息

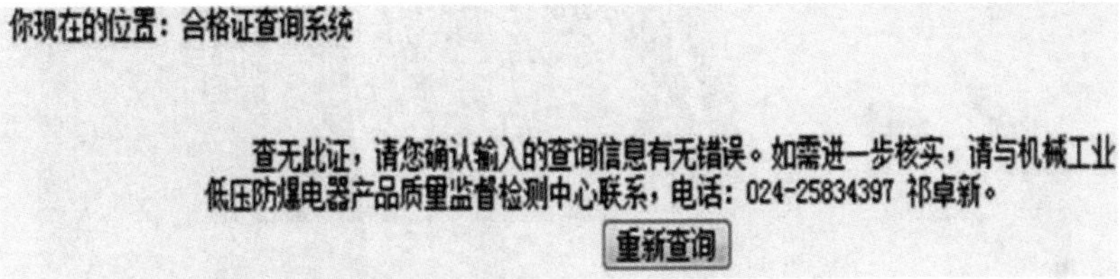

第八章 事故案例与问题判断

图 8-6 在系统中查询后产品信息情况

参考答案：经过网上系统查询，未能查到该产品的防爆合格证。

（4）根据下面的信息找出防爆电气设备哪里不合格（图 8-7、图 8-8、图 8-9）。

图 8-7 LED 防爆荧光灯

图 8-8 LED 防爆荧光灯隔爆接合面情况 1

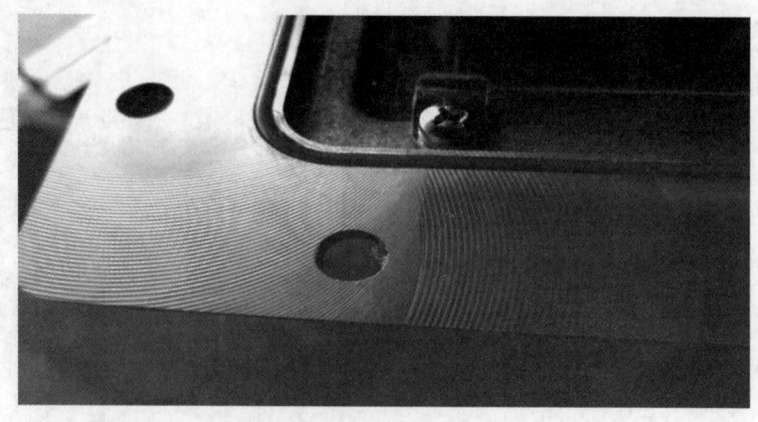

图8-9 LED防爆荧光灯隔爆接合面情况2

设备名称：LED防爆荧光灯；

型号规格：BF1100Y-WF46；

防爆标志：Exd II CT6；

防爆合格证编号：CNEx15.0448。

参考答案：根据防爆标志及灯体外观判断，该LED防爆荧光灯为隔爆型，但其隔爆接合面存在加工缺陷。

参 考 文 献

［1］靳江红，王晓冬，庞磊．电气防爆技术［M］．北京：化学工业出版社，2016.

［2］杨泗霖，杨玲．防火与防爆［M］．2版．北京：首都经济贸易大学出版社，2020.

［3］张显力，张海鸥．防爆电气概论［M］．2版．北京：机械工业出版社，2014.

［4］张海鸥，张显力．防爆工艺导论［M］．北京：机械工业出版社，2016.

［5］吴九辅．安全防爆［M］．北京：石油工业出版社，2011.

［6］蔡芸，李孝斌．防火与防爆工程［M］．北京：中国质检出版社，2014.

［7］张艳艳，孙辉，陈晨．防火防爆技术［M］．成都：西南交通大学出版社，2019.